Visual FoxPro教程
——NCRE之VFP实战

娄　岩　主编

U0198221

清华大学出版社
北　京

内 容 简 介

本书主要介绍 Visual FoxPro 程序设计相关知识和二级公共基础知识。全书共 12 章,主要内容包括数据库系统基础知识,Visual FoxPro 中的数据与运算、程序设计,自由表的常规操作,数据库与数据表的操作,结构化查询语言 SQL,Visual FoxPro 中的视图与查询、表单的应用、菜单设计与应用、报表的设计与应用、项目管理器的应用,以及二级公共基础知识。

本书遵循定义、解析、例题和图示结果的逻辑,即一问,一答,一题一结果,由表及里的教学模式,便于读者加强对知识的掌握与理解。书中实例内容具体,过程详尽,操作性强,既能方便教师组织实验教学,又能引导读者自主学习,促进读者对知识的理解与学习效果的检验。并有开放式的课程教学网站 http://www.cmu.edu.cn/computer 和与教材配套的实验指导及习题集提供支持。

本书适合非计算机专业的学生和初学者学习,既可作为普通高等院校 Visual FoxPro 课程的教材,又可作为全国 NCRE 二级考试的辅导教材,还可作为专业技术人员的参考用书。

图书在版编目(CIP)数据

Visual FoxPro 教程——NCRE 之 VFP 实战/娄岩主编.—北京:清华大学出版社,2016(2022.9 重印)
(21 世纪高等学校规划教材·计算机应用)
ISBN 978-7-302-45058-0

Ⅰ.①V… Ⅱ.①娄… Ⅲ.①关系数据库系统-程序设计-高等学校-教材 Ⅳ.①TP311.138

中国版本图书馆 CIP 数据核字(2016)第 218555 号

责任编辑:贾 斌 张爱华
封面设计:傅瑞学
责任校对:胡伟民
责任印制:曹婉颖

出版发行:清华大学出版社
        网 址:http://www.tup.com.cn, http://www.wqbook.com
        地 址:北京清华大学学研大厦 A 座 邮 编:100084
        社 总 机:010-83470000 邮 购:010-62786544
        投稿与读者服务:010-62776969, c-service@tup.tsinghua.edu.cn
        质量反馈:010-62772015, zhiliang@tup.tsinghua.edu.cn
        课件下载:http://www.tup.com.cn,010-83470236
印 装 者:小森印刷霸州有限公司
经 销:全国新华书店
开 本:185mm×260mm 印 张:15.5 字 数:378 千字
版 次:2016 年 11 月第 1 版 印 次:2022 年 9 月第 9 次印刷
印 数:5601~6200
定 价:34.50 元

产品编号:070875-01

本书编委会

主　　编：娄　岩

副 主 编：马　瑾　庞东兴

编委成员（按姓氏笔画排列）：王艳华　刘尚辉　张志常

李　静　郑琳琳　郑　璐

徐东雨　曹　阳　霍　妍

前　言

学习 Visual FoxPro，不仅是为了创建和管理数据库，而且还为了能够直接使用它编制数据库信息系统，同时树立良好的编程思想。本书的编写依据最新的 NCRE 考试二级大纲，遵循定义、解析、例题和图示结果的逻辑。本书融入了混合教学模式的理念，克服传统教学模式存在的弊端，同时编写了配套的实验指导教材，旨在提高学生自主学习和运用知识的能力，加强其综合素质的培养。

本书涵盖了《全国高等学校非计算机专业学生计算机基础知识和应用能力等级考试大纲》（即 NCRE 考试大纲）规定的"二级 Visual FoxPro 考试要求"的全部知识点。全书共12 章，第 1 章数据库系统基础知识由娄岩编写，第 2 章 Visual FoxPro 中的数据与运算由庞东兴编写，第 3 章 Visual FoxPro 中的程序设计由刘尚辉编写，第 4 章 Visual FoxPro 中自由表的常规操作由郑璐编写，第 5 章 Visual FoxPro 中数据库与数据库表的操作由马瑾编写，第 6 章结构化查询语言 SQL 由徐东雨编写，第 7 章 Visual FoxPro 中的视图与查询由曹阳编写，第 8 章 Visual FoxPro 中表单的应用由张志常编写，第 9 章 Visual FoxPro 中菜单的设计与应用由李静编写，第 10 章 Visual FoxPro 中报表的设计与应用由霍妍编写，第 11章 Visual FoxPro 中项目管理器的应用由郑琳琳编写，第 12 章二级公共基础知识由王艳华编写，书中的例题全部来源于二级考试真题，有助于读者了解题型、出题方向，学好知识的同时为考试做好准备。

本书适合非计算机专业的学生和初学者，既可作为普通高等院校 Visual FoxPro 课程的教材，又可作为全国 NCRE 二级考试的辅导教材，还可作为专业技术人员的参考用书。

全书由娄岩教授担任主编。他合理组织、积极协调。他带领的参编团队成员长期从事一线教学工作，具备丰富的教学经验，编写过多部 Visual FoxPro 教材，为成功编写此书奠定了坚实的基础。清华大学出版社对本书的出版做了精心策划，充分论证。在此向所有参编人员以及帮助和指导过我们工作的朋友们表示衷心的感谢！由于编者水平有限，加之时间仓促，书中难免存在疏漏之处，恳请广大读者批评指正。

娄　岩

2016 年 6 月

目 录

第1章
数据库系统基础知识

导学

内容与要求

数据库技术已是当今信息技术中应用最广泛的技术之一。在诸多数据库管理系统中，Visual FoxPro 是目前最适合非计算机专业学生学习的数据库管理系统之一，通过可视化的面向对象的程序设计方法，大大简化了应用系统的开发过程；采用模块化的设计理念，使得数据库系统有更好的紧凑性和开放性。

数据处理与数据管理技术中，要求了解数据库的基本知识。

数据模型中，要求掌握关系数据库以及数据库语言的基本概念和操作方法。

关系数据库中，要求掌握关系的概念和基本运算。

关系完整性约束及 Visual FoxPro 系统概述中，要求掌握 Visual FoxPro 的基本使用方法，为后续章节奠定基础。

重点、难点

本章的重点是了解 Visual FoxPro 系统概貌，了解关系模型的运算方法。本章的难点是掌握数据库系统基础知识。

众所周知，信息已成为当今社会的重要资源和财富。面对日益增长的信息量与信息处理需求，建立高效的信息处理系统已是人们工作与生活的普遍需求。作为实现对大量信息进行存储、处理和管理的数据库技术，从 20 世纪 60 年代后期产生以来得到了迅速发展。目前，绝大多数的计算机应用系统均离不开数据库技术的支持。

1.1　数据处理与数据管理技术

1.1.1　信息、数据与数据处理

数据库系统是由于数据处理需要而产生并发展起来的，因此，信息、数据和数据处理是

最基本的概念。许多人误将术语"信息"与"数据"混为一谈,在数据库系统中,它们却是两种完全不同的概念。

信息是现实世界中事物的状态、运动方式和相互关系的表现形式,是自然界、人类社会和人类思维活动中普遍存在的一切物质和事物的属性。因此,信息可以被看成是现实世界在人脑中的抽象反映,是通过人的感官感知出来并经过人脑的加工而形成的反映现实世界中事物的概念。

数据是一种物理符号序列。数据有数据类型和数据值两个重要属性,不同类型的数据记录事物的性质是不一样的。如果说数据是反映客观的记录符号,信息则为数据赋予了意义。

数据和信息是两个互相联系、互相依赖但又互相区别的概念。数据只有经过提炼和抽象之后才能成为信息。

1.1.2　数据管理技术的发展

数据管理技术是指人们对数据进行收集、组织、存储、加工、传播和利用的一系列活动的总和。经过人工管理、文件管理、数据库管理3个阶段后,数据存储冗余不断减小、数据独立性不断增强、数据操作更加方便和简单。数据的管理经过了3个阶段的发展,各有各的特点。

1. 人工管理阶段

在计算机出现之前,人们主要使用人的大脑来管理和利用各种数据。而早期的计算机也主要用于数值计算,没有用于管理数据的软件。此时计算机录入的数据存在数据量小,非结构化,可用性差等问题。另外,用户直接管理,且数据间缺乏逻辑组织,数据仅依赖特定的应用,缺乏独立性。

2. 文件系统阶段

在文件系统阶段,数据处理系统是把计算机中的数据组织成相互独立的数据文件,并可按文件的名字来进行访问,对文件中的记录进行存取。数据可以长期保存在计算机之外的存储介质上,可以对数据进行反复处理,并支持文件的查询、修改、插入和删除等操作,这就是所谓的文件系统。文件系统管理示意图如图1-1所示。文件系统实现了记录内的结构化,但从文件的整体来看却是无结构的。其数据面向特定的应用程序,因此数据共享性、独立性差,且冗余度大,管理和维护的代价也很大。

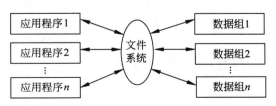

图 1-1　文件系统管理

3. 数据库系统阶段

20 世纪 60 年代后期,计算机性能得到进一步提高,更重要的是出现了大容量磁盘,存储容量大大增加且价格下降。在此基础上,才有可能克服文件系统管理数据时的不足,而满足和解决实际应用中多个用户、多个应用程序共享数据的要求,从而使数据能为尽可能多的应用程序服务,就出现了数据库这样的数据管理技术。数据库的特点是数据不再只针对某一个特定的应用,而是面向全组织,具有整体的结构性,其共享性高、冗余度减小、与数据之间具有一定程度的独立性并且对数据进行统一的控制。

1.1.3　数据库系统的相关概念

1. 数据库

数据库(Database,DB)是按照一定的组织方式,相互关联的数据的集合。它不仅包括数据本身,而且包括相关数据之间的联系。

2. 数据库系统

数据库系统(Database System,DBS)是指引进数据库技术后的计算机系统。数据库系统由 5 部分组成,具体如下。

- 硬件系统。
- 数据库集合。
- 数据库管理系统及相关软件。
- 数据库管理员。
- 用户。

3. 数据库管理系统

数据库管理系统(Database Management System,DBMS)是为数据库的建立、使用和维护而配置的软件,也是数据库系统的核心。它使用户能方便地定义和操作数据,维护数据的安全性和完整性,以及进行多用户下的并发控制和恢复数据库。

4. 数据库应用系统

数据库应用系统(Database Application System,DBAS)是指系统开发人员利用数据库系统资源开发出来的,面向某一类实际应用的应用软件系统。例如,开发人员利用 Visual FoxPro 开发的财务管理系统。

1.1.4　数据库系统的特点

数据库系统有如下特点。

- 采用特定的数据模型。
- 具有较高的数据独立性。
- 实现了数据共享,减少了数据冗余。

• 有统一的数据控制功能。

1.2 数据模型

1.2.1 相关概念

1. 实体

客观存在并且可以相互区别的事物称为实体。实体可以是实在的事物,例如,教师、学生、客户等;也可以是抽象事件,例如,选课、订购、比赛等。

2. 实体的属性

描述实体的特征称为实体的属性。属性用类型(Type)和值(Value)来表征,例如,学号、姓名、出生日期等是属性的类型;20047659、刘晶、2014-10-10等都是属性的值。

3. 实体型

用实体名及描述它的各属性值可以表示一种实体的类型,称为实体型。例如,学生实体,其实体型可以描述为"学生(学号,姓名,病情,诊断)"。

4. 实体集

同类型的实体的集合称为实体集。例如,客户实体集中,(K001,马云,广州,201001)表示客户实体集中的一个具体的实体。

1.2.2 实体之间的联系

实体间的对应关系称为实体之间的联系,它反映现实世界事物之间的联系。实体间的联系可以归纳为3种类型。

1. 一对一联系

实体集 A 中的一个实体与实体集 B 中的一个实体对应,反之亦然,记为 $1:1$。

例如,考察车间和车间主任两个实体集,一个车间有一个车间主任,一个车间主任领导一个车间,因此二者是一对一的联系。

2. 一对多联系

实体集 A 中的一个实体与实体集 B 中的多个实体对应,反之不然,记为 $1:n$。

例如,考察商品和商品类别两个实体集,一种商品类别中包含多种商品,而一种商品只属于一个商品类别,因此二者是一对多的联系。

3. 多对多联系

实体集 A 中的一个实体与实体集 B 中的多个实体对应,反之亦然,记为 $m:n$。

例如，考查学生和课程两个实体集，一个学生可以选修多门课程，而一门课程可供多个学生选修，因此二者是多对多的联系。

1.2.3　实体联系的表示方法

E-R 图又被称为实体—联系图，它提供了实体、属性和联系的表示方法，用来描述现实世界的概念模型。

构成 E-R 图的基本要素是实体、属性和联系，其表示方法如下。

- 实体：用矩形表示，矩形框内写明实体名。
- 属性：用椭圆形表示，椭圆形框内写明属性的名称并用无向边将其与相应的实体连接起来。
- 联系：用菱形表示，菱形框内写明联系名，并用无向边分别与有关实体连接起来，同时在无向边旁标上联系的类型（$1:1,1:n$ 或 $m:n$）。

例如，表示商品类别和商品之间的联系的 E-R 图，如图 1-2 所示。

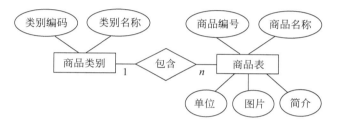

图 1-2　商品类别和商品之间的联系的 E-R 图

1.2.4　数据模型简介

数据模型是数据库管理系统中用来表示实体及实体间联系的方法。常用的数据模型分为以下 3 种。

1．层次数据模型

用树形结构表示实体及其之间联系的模型。层次模型像一颗倒置的树，根节点在上，层次最高，子节点在下，逐层排列。它具有以下特点。

（1）有且仅有一个根节点无双亲。

（2）根节点以外的子节点向上有且仅有一个父节点，向下有若干子节点。

2．网状数据模型

用网状结构表示实体及其之间联系的模型。网状模型能够表示实体间的多种复杂联系和实体类型之间的多对多联系。它具有以下特点。

（1）有一个以上节点无双亲。

（2）至少有一个节点多于一个双亲。

3．关系数据模型

用二维表结构来表示实体以及实体之间联系的模型,如表 1-1 所示。它具有以下特点。

(1) 描述单一。在关系模型中,每个关系是用一张表来描述的,字段、记录描述得很清晰。

(2) 关系规范化。每一个分量是一个不可分割的数据项,即不允许表中有表。

1.3　关系数据库

关系数据库(Relational Database,RDB)是以关系模型建立的数据库,是若干个按照关系模型设计的表文件的集合。

1.3.1　关系的基本概念

1．关系

一个关系就是一个没有重复行、没有重复列的二维表格。每个关系都有一个关系名。

例如,表 1-1 所示的表 xs 就是一个关系,xs 是它们的关系名。在 Visual FoxPro 中,一个表就是一个关系,对应一个表文件,扩展名为.dbf。

表 1-1　xs

学号	姓名	性别	出生日期	民族	班级
20160101	秦卫	男	09/14/1986	汉族	01
20160102	孔健	男	11/17/1986	汉族	01
20160103	阙正娴	女	10/15/1985	回族	01
20160305	王欢	男	08/20/1987	汉族	03

2．元组

在一个关系中,二维表中的每一行被称为元组,也称为记录。

例如,在表 1-1 中,"学号"为"20160101"所在的行就是一个元组,在该表中一共有 4 个元组。在 Visual FoxPro 中,一个元组对应表中的一条记录,因此,也可以说在表 xs 中一共有 4 条记录。

3．属性

在一个关系中,二维表中的每一列被称为属性,也称为字段。每个属性都有一个属性名(字段名)和属性值(字段值)。

例如,表 1-1 中,一共有 6 个属性,其中"学号"、"姓名"、"性别"等是属性名,而"秦卫"则是第一个元组(记录)在"姓名"属性的属性值。在 Visual FoxPro 中,一个属性对应表中的一个字段,属性名对应字段名,属性值对应字段值,因此,也可以说在表 xs 中一共有 6 个字段。

4．域

在一个关系中，属性的取值范围称为域，即不同元组在同一属性上的取值范围。域的类型及范围由属性的性质和所表示的意义来确定。

例如，在表1-1中，"性别"属性的域范围是"男"和"女"，同一属性的不同元组的域范围是相同的。

5．主关键字

主关键字是关系中能够唯一标识一个元组的属性或属性的组合。

例如，在表1-1中，"学号"属性就可以作为主关键字，因为学号不允许相同，它可以唯一地标识一个学生。而"姓名"、"性别"等属性则不能作为主关键字，因为学生中可能存在重名等现象。

6．候选关键字

凡在关系中能够唯一区分、确定不同元组的属性或属性组合，称为关键字，选出一个作为主关键字，剩下的就是候选关键字。

例如，在表1-1中增加一个"身份证号"字段，如果把学号设置成主关键字，则身份证号即为候选关键字。

7．外部关键字

如果表中的一个字段不是本表的主关键字或候选关键字，而是另一个表的主关键字或候选关键字，则这个字段就称作外部关键字。

例如，在表1-1中增加一个"课程代码"字段，已知学号为主关键字，那么"课程代码"字段就不是表xs中的主关键字，但有可能是课程表的主关键字，因为课程表中，课程代码唯一标识每一门课程。

8．关系的特点

在关系中，数据的逻辑结构是一张二维表。该表满足每一列中的分量是类型相同的数据；列的顺序可以是任意的；行的顺序可以是任意的；表中的分量是不可再分割的最小数据项，即表中不允许有子表；表中的任意两行不能完全相同；表中不能出现相同的属性名。

9．关系模式

关系模式即对关系的描述。一个关系模式对应一个关系的数据结构。

【格式】 关系名(属性名1,属性名2,…,属性名n)

例如，在表1-1中，关系模式可以表示为：

xs(学号,姓名,性别,出生日期,民族,班级,家庭住址)

　　综上所述,一个关系就是一张二维表,由表结构和表记录组成。表的结构对应关系模式,表中的每一列对应关系模式的一个属性,每一列的数据类型及其取值范围就是该属性的域,所以,定义表就定义了对应的关系。

1.3.2　关系的基本运算

1. 传统的集合运算

　　(1) 并($R \cup S$)。

　　两个相同结构关系的并运算是由属于这两个关系的元组组成的集合。并运算的结果是一个关系,它包括或者在 R 中,或者在 S 中,或者同时在 R 和 S 的所有元组中。

　　例如,关系 R、S 如表 1-2 和表 1-3 所示,求 $R \cup S$。

表 1-2　关系 R		
A	B	C
1	a	c
2	b	a
3	c	b

表 1-3　关系 S		
A	B	C
4	b	c
2	b	a
3	a	b

　　$R \cup S$ 如表 1-4 所示。

　　(2) 差(R-S)。

　　设有两个相同结构的关系 R 和 S,差运算的结果是从 R 中去掉 S 中也有的元组。

　　例如,关系 R、S 如表 1-2 和表 1-3 所示,求 R-S。

　　R-S 如表 1-5 所示。

表 1-4　关系 $R \cup S$		
A	B	C
1	a	c
2	b	a
3	c	b
4	b	c
3	a	b

表 1-5　关系 R-S		
A	B	C
1	a	c
3	c	b

　　(3) 交($R \cap S$)。两个具有相同结构的关系 R 和 S,交运算的结果是 R 和 S 的共同元组。

　　例如,关系 R、S 如表 1-2 和表 1-3 所示,求 $R \cap S$。

　　$R \cap S$ 如表 1-6 所示。

表 1-6　关系 $R \cap S$		
A	B	C
2	b	a

2. 专门的关系运算

　　(1) 选择:从关系中找出满足给定条件的元组的操作。选择运算是从行的角度进行运算,即从水平方向抽取记录。

　　例如,从表 1-1 中查找女性学生的记录,解决这个问题可以使用选择运算来完成,结果如表 1-7 所示。

表 1-7 选择运算结果

学号	姓名	性别	出生日期	民族	班级
20160103	阙正娴	女	10/15/1985	回族	01

（2）投影：从关系模式中指定若干个属性组成新的关系。投影运算是从列的角度进行运算，相当于对关系进行垂直分解。投影运算可以得到一个新的关系，其关系模式所包含的属性个数往往比原关系少，或属性的排列顺序不同。

表 1-8 投影运算结果

姓名	班级
秦卫	01
孔健	01
阙正娴	01
王欢	03

例如，从表 1-1 中查找各个学生姓名对应的所属班级，解决这个问题可以使用投影运算来完成，结果如表 1-8 所示。

（3）连接：连接运算将两个关系模式拼接成一个更宽的关系模式，生成的新关系中包含满足连接条件的元组。连接包括等值连接和自然连接两种形式。

- 等值连接：在连接运算中，按照字段值对应相等为条件进行的连接操作。
- 自然连接：是指去掉重复属性的等值连接。自然连接是最常见的连接运算。

1.4 关系完整性约束

关系完整性是为保证数据库中数据的正确性和相容性，对关系模型提出的某种约束条件或规则。关系完整性通常包括实体完整性、域完整性、参照完整性和用户定义完整性，其中实体完整性、域完整性和参照完整性，是关系模型必须满足的完整性约束条件。

1. 实体完整性

实体完整性规则规定基本关系的所有主关键字对应的主属性都不能取空值。例如，学生选课的关系选课（学号，课程号，成绩）中，学号和课程号共同组成为主关键字，则学号和课程号两个属性都不能为空，因为没有学号的成绩或没有课程号的成绩都是不存在的。

对于实体完整性，有如下规则。

（1）实体完整性规则针对基本关系。一个基本关系表通常对应一个实体集。例如，学生关系对应学生集合。

（2）现实世界中的实体是可以区分的，它们具有一种唯一性质的标识。例如，学生的学号，教师的职工号等。

在关系模型中，主关键字作为唯一的标识，且不能为空。

2. 域完整性

域完整性指字段值域的完整性。例如，数据类型、格式、值域范围、是否允许空值等。

域完整性限制了某些属性中出现的值，把属性限制在一个有限的集合中。例如，如果属性类型是整数，那么它就不能是 123.5 或任何非整数。

3. 参照完整性

参照完整性则是相关联的两个表之间的约束。具体地说，就是子表中每条记录的外部关键字的值必须是父表中存在的，因此，如果在两个表之间建立了关联关系，则对一个表进行的操作要影响到另一个表中的记录。

例如，如果在学生表和选修课之间用学号建立关联，学生表是父表，选修课是子表，那么，在向子表中插入一条新记录时，系统要检查新记录的学号是否在父表中已存在，如果存在，则允许执行插入操作，否则拒绝插入，这就是参照完整性。

参照完整性还体现在对父表中的删除和更新操作。例如，如果删除父表中的一条记录，则子表中凡是外部关键字的值与主表的主关键字值相同的记录也会被同时删除，将此称为级联删除；如果修改父表中主关键字的值，则子表中相应记录的外部关键字也随之被修改，将此称为级联更新。

1.5　Visual FoxPro 系统概述

Visual FoxPro 6.0(简称 VFP 6.0)是 Microsoft 公司 1998 年推出的产品。VFP 是一个运行在 Windows 操作系统环境下的小型数据库系统软件，它具有用户界面友好、操作方便、开发工具丰富、开发过程简洁等特点。同时，Visual FoxPro 6.0 引入了可视化编程技术，使得程序设计更为直观。

由于 Visual FoxPro 6.0 简单易学，它已经成为初学计算机应用技术的学生了解数据库知识、熟悉可视化技术、掌握程序设计基本方法的最合适语言，成为非计算机专业学生提高计算机应用能力、强化 IT 文化素质的最好工具。

1.5.1　Visual FoxPro 6.0 简介

20 世纪 80 年代初，Ashton Tate 公司开发了微机上的关系数据库管理系统 dBASE，它由于具有简单、易操作、功能强等特点，很快得到了普及，迅速成为微型机上数据库的主导产品。其后，又推出 dBASE II、dBASE III、dBASE III plus、dBASE IV 等版本。

1986 年，Fox 公司推出了与 dBASE III plus 全兼容的 FoxBASE 1.0，特别是随后推出的 FoxBASE＋2.1 版本，其功能和性能都大大提高，给微机关系数据库产品带来了巨大影响；1989 年，Fox 公司又推出 FoxPro 1.0。

1992 年，微软收购了 Fox 公司，在 Fox 公司 FoxPro 1.0 数据库的基础上，于 1993 年 3 月开发了 FoxPro2.5。这个版本的 FoxPro 系统仅仅只是对原版本增加了某些命令，其主要工作模式还是命令操作方式。

1995 年 8 月以来，微软推出了一系列新一代可视化 32 位 FoxPro 产品 Visual FoxPro 3.0，这些产品最大的特点是支持可视化程序设计。所谓"可视化"，就是程序的设计与开发大量使用"可视"的窗口、对话框、图标等图形工具；同时，开发出来的程序也具有可视化特征。

1998 年，微软又推出 Visual FoxPro 6.0，它是 Visual Studio 98 系列中的一个开发工

具。Visual FoxPro 6.0 不仅大大简化了用户对数据库的管理,而且增加了许多新功能,使Visual FoxPro 6.0 成为微机上最广泛使用的小型数据库管理系统。

近年来,Visual FoxPro 7.0、Visual FoxPro 8.0 和 Visual FoxPro 9.0 相继推出,这些版本都增强了软件的网络功能和兼容性。但微软自 Visual FoxPro 7.0 以上的新版本都没有配置中文版,因此,本书主要介绍的是 Visual FoxPro 6.0(中文版)。

1.5.2 Visual FoxPro 6.0 的功能

Visual FoxPro 6.0 除了具有数据库管理系统的必备功能外,还具有应用程序开发功能。用户利用 Visual FoxPro 6.0 不仅可以方便地建立自己的数据库、管理数据库中的数据,而且还可以开发数据库应用系统程序。Visual FoxPro 6.0 的主要功能体现在以下几方面。

1. 数据定义功能

通过 Visual FoxPro 6.0 中数据库设计器,用户可以方便地定义自己的数据库,可以在数据库中添加、移去、修改数据表,建立数据表之间的联系。通过 Visual FoxPro 6.0 中表设计器或表向导,用户可以方便地定义自己的数据表结构、定义数据表的完整性约束。

2. 数据操作功能

利用 Visual FoxPro 6.0 提供的命令和菜单等,用户可以方便地操作数据表中的数据,如添加、删除、修改、查询、统计等。

3. 数据控制功能

Visual FoxPro 6.0 能够自动检查数据表的完整性,以保证数据的正确性、有效性和相容性,同时还能控制多用户的并发操作。

4. 程序编辑、运行与调试功能

通过 Visual FoxPro 6.0 提供的命令,用户可以方便地建立和运行自己的程序,如果程序中有错误,系统还提供了调试功能,帮助用户排除程序中的错误。

5. 界面设计功能

利用 Visual FoxPro 6.0 的表单设计器,用户可以快速、方便地建立漂亮实用的用户界面,大大提高开发速度。

1.5.3 Visual FoxPro 6.0 的特点

Visual FoxPro 6.0 不仅继承了 FoxPro 系列早期版本的优良特点,而且还充分利用了许多最新的计算机理论和技术,主要体现在以下几个方面。

1. 强大的查询与管理功能

Visual FoxPro 6.0 拥有近 500 条命令、200 多个函数,使得其功能空前强大。同时

Visual FoxPro 6.0 采用了新的查询技术,极大地提高了查询效率。

2. 全新的数据库表概念

Visual FoxPro 6.0 除了把数据库和表的概念严格区分之外,还引入了视图等概念。同时,触发器的使用和数据表的关联也增强了对数据库中数据的完整性约束能力。

3. 扩大了对 SQL 的支持

SQL 是关系数据库的标准语言,其查询语句不仅功能强大,而且使用灵活。早在 FoxPro 的后期版本中就得到了部分支持,而在 Visual FoxPro 6.0 版本进行了进一步的扩充,所支持的 SQL 语句已经有 8 种。

4. 丰富的可视化辅助工具

Visual FoxPro 6.0 提供了向导(Wizard)、设计器(Designer)、生成器(Builder)等可视化辅助工具,大大方便了用户的使用。

5. 支持面向对象的程序设计

Visual FoxPro 6.0 除了继续支持传统的结构化程序设计外,还支持面向对象程序设计,加快软件开发的过程,提高软件开发的质量。

6. 支持网络应用

Visual FoxPro 6.0 既可以开发单机环境的数据库应用系统,又可以开发网络环境的数据库应用系统,并且支持网络环境下的 B/S(浏览器/服务器)工作模式以及三层结构的 C/S(客户机/服务器)模式。

1.5.4　Visual FoxPro 6.0 的安装与启动

Visual FoxPro 6.0 的功能强大,但是它对系统的要求并不高,当前主流的计算机系统配置完全可以胜任。个人计算机的软硬件基本配置要求如下。

- 处理器:带有 486DX/66 MHZ 处理器,推荐使用 Pentium 或更高档处理器的 PC 兼容机。
- 内存储器:16MB 以上的内存,推荐使用 24MB 以上内存。
- 硬盘空间:典型安装需要 100MB 的硬盘空间,最大安装需要 240MB 硬盘空间。需要一个鼠标、一个光盘驱动器,推荐使用 VGA 或更高分辨率的监视器。
- 操作系统:由于 Visual FoxPro 6.0 是 32 位产品,需要在 Windows95/98(中文版),或者 Windows NT 4.0(中文版)以及更高版本的操作系统上运行。
- Visual FoxPro 可以从 CD-ROM 或网络上安装,安装方式和其他 Windows 软件的安装方法一样,这里从略。

1. 启动 Visual FoxPro 6.0

(1) 执行"开始"|"所有程序"|"Microsoft Visual FoxPro 6.0"命令。

（2）双击桌面上的 VFP 快捷图标。

2. 退出 Visual FoxPro 6.0

（1）单击 Visual FoxPro 6.0 标题栏右上角的"关闭"按钮。

（2）执行"文件"|"退出"命令。

（3）单击主窗口左上方的狐狸图标，从窗口下拉菜单中选择"关闭"命令，或者按 Alt＋F4 组合键。

（4）在命令窗口中输入 QUIT 命令，然后按 Enter(回车)键。

1.5.5　Visual FoxPro 6.0 的集成开发环境

启动了 Visual FoxPro 6.0 后，就进入了 Visual FoxPro 6.0 的集成开发操作环境。集成开发环境是指可以将多种开发操作集中在一个界面内完成的开发环境。Visual FoxPro 6.0 的集成开发操作环境以主窗口及其包含在主窗口内的一个或者多个子窗口的形式体现出来，用户在这些窗口中可以操作完成程序设计与开发的一系列工作：诸如执行操作命令、生成程序、编辑程序、调试运行程序以及制作程序界面等。

在 Visual FoxPro 6.0 的集成开发环境中，提供了 3 种工作方式供用户选择。

* 利用系统菜单或工具栏按钮执行操作的菜单工作方式。
* 在命令子窗口中直接输入命令进行交互式操作的工作方式。
* 利用各种生成器自动生成或者编写命令文件程序的自动工作方式。

1.5.6　Visual FoxPro 6.0 的主窗口

进入了 Visual FoxPro6.0 集成开发环境后，呈现在用户面前的界面是主窗口以及"命令"子窗口，如图 1-3 所示。Visual FoxPro 6.0 的主窗口包括 2 部分：功能菜单区、窗口工作区。下面逐一简单介绍各部分功能。

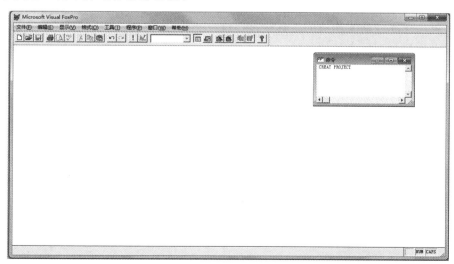

图 1-3　Visual FoxPro 6.0 的主界面

1. 功能菜单区

（1）标题栏：左边显示 Microsoft Visual FoxPro 6.0，表明软件身份；右边是窗口控制按钮，即"最小化"、"最大化"、"关闭"按钮。

（2）菜单栏：以文字显示的操作。

（3）工具栏：以图标表示的操作。

2. 窗口工作区

（1）程序运行区：显示程序开发、调试、运行的结果。

（2）"命令"子窗口：显示用户从键盘上输入的命令、显示界面操作所对应的命令。

在这里特别要指出的是：在主窗口中可以根据用户的需要打开其他的子窗口，而不是仅仅只有一个"命令"子窗口。例如，第 5 章将要介绍的"程序编辑"子窗口。

1.5.7　Visual FoxPro 6.0 的工具栏

工具栏是微软公司流行软件的共同特色，对于经常使用的功能，利用各种工具栏调用比通过菜单调用要方便快捷得多。其默认界面仅包括"常用"工具栏和"表单设计器"工具栏，显示在菜单栏下面，用户可以将其拖放到主窗口的任意位置。

所有的工具栏按钮都有文本提示功能，当把鼠标指针停留在某个图标按钮上时，系统用文字的形式显示它的功能。除了"常用"工具栏之外，Visual FoxPro 6.0 还提供了 10 个其他工具栏，这些工具栏分别是：报表控件、报表设计器、表单控件、表单设计器、布局、查询设计器、打印预览、视图设计器、数据库设计器和调色板等。

为了方便用户灵活地使用工具栏，对 Visual FoxPro 6.0 的工具栏可以进行如下操作。

1. 显示或隐藏工具栏

工具栏会随着某一种类型的文件打开而自动打开，也可以在任何时候打开任何工具栏。要想显示或隐藏工具栏，执行"显示"|"工具栏"命令，弹出"工具栏"命令对话框，如图 1-4 所示。单击鼠标选择或清除相应的工具栏，然后单击"确定"按钮，便可显示或隐藏指定的工具栏。也可以用鼠标右键在任何一个工具栏的空白处单击，在弹出的工具栏的快捷菜单中选择要打开或关闭的工具栏，如图 1-5 所示。

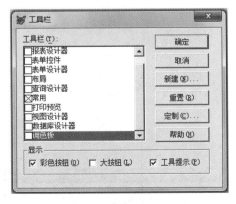

图 1-4　"工具栏"对话框　　　　　　　　　图 1-5　工具栏快捷菜单

2．定制工具栏

除了上述系统提供的工具栏之外，为方便操作，用户还可以创建自己的工具栏，或者修改现有的工具栏，统称为定制栏。例如，要创建"职工管理"工具栏。创建该工具栏的具体操作如下。

（1）执行"显示"|"工具栏"命令，弹出如图1-4所示的"工具栏"对话框。

（2）单击"新建"按钮，弹出"新工具栏"对话框，如图1-6所示。

（3）输入工具栏名称，如"职工管理"，单击"确定"按钮。弹出"定制工具栏"对话框，如图1-7所示，在主窗口上同时出现一个空的"职工管理"工具栏。

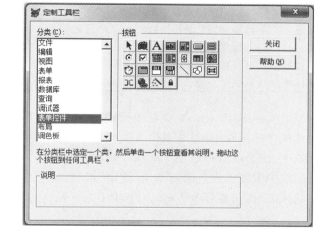

图1-6 "新工具栏"对话框   图1-7 "定制工具栏"对话框

（4）选择"定制工具栏"左侧"分类"列表框中的一类，其右侧便显示该类所有按钮。

图1-8 "职工管理"工具栏

（5）根据需要，选择其中的按钮，并将它拖动到"职工管理"工具栏上即可，所创建工具栏的效果如图1-8所示。

（6）单击"定制工具栏"对话框上的"关闭"按钮。

1.5.8 Visual FoxPro 6.0 的配置

启动 Visual FoxPro 6.0 进入了主界面后，呈现在用户面前的集成开发环境是系统的默认状态，用户可以改变系统的状态。我们把用户根据需要改变系统状态的操作称为系统配置。

"选项"对话框是配置 Visual FoxPro 6.0 的有力工具，执行"菜单"|"选项"命令，弹出"选项"对话框。"选项"对话框中包括有一系列代表不同类别环境选项的选项卡。表1-9列出了各个选项卡的设置功能。在各个选项卡中，可以采用交互的方式来查看和设置系统环境，在这里，我们不具体介绍配置环境的操作。

表 1-9 "选项"对话框的选项卡及其功能

选项卡	设 置 功 能
显示	显示界面选项,例如是否显示状态栏、时钟、命令结果或系统信息
常规	数据输入与编程选项,如设置警告声音、是否记录编译错误或自动填充新记录、使用的定位键、调色板使用的颜色、改写文件之前是否警告等
数据	字符串比较设定、表选项,如是否使用 Rushmore 优化、是否使用索引强制唯一性、备注块大小等
远程数据	远程数据访问选项,如连接超时限定值,一次拾取记录数目以及如何使用 SQL 更新
文件位置	Visual FoxPro 6.0 默认目录位置,帮助文件以及辅助文件存储在何处
表单	表单设计器选项,如网格面积、所用的刻度单位、最大设计区域以及使用何种模板类
项目	项目管理器选项,如是否提示使用向导,双击时运行或修改文件以及源代码管理选项
控件	"表单控件"工具栏中的"查看类"按钮所提供的可视类库和 ActiveX 控件
区域	日期、时间、货币及数字的格式
调试	调试器显示及跟踪选项,例如使用什么字体与颜色
语法着色	区分程序元素所用的字体及颜色,如注释与关键字
字段映象	从数据环境设计器、数据库设计器或项目管理器向表单拖放表或字段时创建何种控件

对 Visual FoxPro 6.0 配置所做的更改,既可以是临时性的,也可以是永久性的。临时设置保存在内存中,并在退出 Visual FoxPro 6.0 时释放。永久设置将保存在 Windows 注册表中,作为以后再启动 Visual FoxPro 6.0 时的默认设置值。也就是说,可以把在"选项"对话框中所做的设置通过单击"确定"按钮保存为在本次系统运行期间有效,或者单击"设置为默认值"按钮保存为 Visual FoxPro 6.0 默认设置,即永久设置。

1.5.9 Visual FoxPro 6.0 常用文件类型

Visual FoxPro 6.0 常用的文件扩展名及其关联的文件类型如表 1-10 所示。

表 1-10 Visual FoxPro 6.0 常用的文件扩展名

扩展名	文件类型	扩展名	文件类型
.app	生成的应用程序	.frx	报表
.exe	可执行程序	.frt	报表备注
.pjx	项目	.lbx	标签
.pjt	项目备注	.lbt	标签备注
.dbc	数据库	.prg	程序
.dct	数据库备注	.fxp	编译后的程序
.dcx	数据库索引	.err	编译错误
.dbf	表	.mnx	菜单
.fpt	表备注	.mnt	菜单备注
.cdx	复合索引	.mpr	生成的菜单程序
.idx	单索引	.mpx	编译后的菜单程序
.qpr	生成的查询程序	.vcx	可视类库
.qpx	编译后的查询程序	.vct	可视类库备注
.scx	表单	.txt	文本
.sct	表单备注	.bak	备份文件

1.5.10 Visual FoxPro 6.0 的一些规则

1. Visual FoxPro 6.0 的命名规则

（1）只能使用字母、汉字、下画线和数字。

（2）使用字母、汉字或下画线作为名称的开头。

（3）名称可以是 1～128 个字符，但自由表的字段名和索引标识最多只能有 10 个字符。

（4）避免使用 Visual FoxPro 6.0 的保留字。

（5）文件的命名遵循操作系统的约定。

2. 命令和子句的书写规则

（1）以命令动词开始。

（2）各部分之间要用空格隔开。

（3）命令、子句、函数名都可简写为前 4 个字符，大小写等效。

（4）一行只能写一条命令，总长度不超过 8192 个字符，超过屏幕宽度时用续行符"；"。

（5）变量名、字段名和文件名应避免与命令动词、关键字或函数名同名，以免运行时发生混乱。

3. 命令格式中的符号约定

命令中的[]、|、…、<>符号都不是命令本身的语法成分，使用时不能照原样输入。其中：

- []表示可选项，根据具体情况决定是否选用。
- |表示两边的部分只能选用其中的一个。
- …表示可以有任意个类似参数，各参数间用逗号隔开。
- << >>表示其中内容要以实际名称或参数代入。

4. 命令工作方式中的常见错误

（1）命令动词写错。

（2）格式不符合要求。

- 标点符号不对（一定要用英文半角标点符号）。
- 缺少必需的空格或添加了不该有的空格。
- 数据类型不一致，要注意字符型、数值型、日期型、逻辑型数据的书写格式。

（3）打不开所需文件：没有正确输入盘符和路径或文件名输错。

本章小结

　　本章主要介绍了数据、数据库、数据库系统、数据库管理系统、数据库应用系统等基本概念和关系；数据模型、关系数据库的概念和特点；关系运算以及 Visual FoxPro 6.0 软件的集成开发环境和工作方式。

　　通过对本章的学习，读者能够对数据库和 Visual FoxPro 6.0 有一定的了解和掌握，为后续章节的学习打下良好的理论基础。

第2章
Visual FoxPro中的数据与运算

导学

内容与要求

本章主要介绍 Visual FoxPro 中的常量、变量、表达式和函数的功能和使用方法。常量、变量、表达式和函数是程序设计的基础。

Visual FoxPro 中的常量与变量介绍了字符型、数值型、货币型、逻辑型、日期型和日期时间型 6 种类型的常量，以及字段变量、内存变量、数组变量和系统变量。

Visual FoxPro 中的表达式介绍了数值表达式、字符表达式、日期时间表达式、关系表达式和逻辑表达式的使用方法。

Visual FoxPro 中的函数操作介绍了数值函数、字符函数、日期时间函数、类型转换函数、测试函数、表操作函数和系统函数的使用方法。

重点、难点

本章的重点是内存变量的显示和清除方法，表达式和函数的功能和使用方法。本章的难点是表达式与数组变量的使用方法。

Visual FoxPro 的数据元素包括常量、变量、数组、表达式和函数等。常量、变量和数组可以用来表示数据，而函数不仅仅是一种数据，其自身具备某种特定的数据处理能力，表达式则在数据操作命令和程序中起着十分重要的作用。

2.1 Visual FoxPro 中的常量与变量

在 Visual FoxPro 中，数据可以用常量、变量及数组表示，还可以用字段、记录和对象表示，由它们存储各种类型的数据。

2.1.1 Visual FoxPro 中的常量

常量是在命令或程序操作过程中可以直接引用，并在整个操作过程中其值保持不变的数据项。在 Visual FoxPro 中常量的数据类型有 6 种，分别是字符型、数值型、货币型、逻辑型、日期型和日期时间型。

1. 字符型常量

字符型常量，简称 C 型常量，是用单引号（' '）、双引号（" "）或方括号（[ ]）等定界符括起来的字符串。例如，[虚拟现实建模语言]，"3456.12"，'VRML'是合法的字符型常量。当同时出现两种以上的定界符时，只有最外层的起到定界符的作用，其他的都是字符串的一部分。

例如，[虚拟现实建模语言"VRML"，医学影像信息处理系统简称'PACS']，这里[ ]是定界符，而" "和' '则是字符串中的普通字符。

2. 数值型常量

数值型常量，简称 N 型常量，在内存中占 8 个字节，是由数字、小数点和正负号组成的表示整数或实数的值，又称常数。例如，5、−10、20.3、−31.26 分别是数值型常量中的整数和实数。有些很大或很小的数值型常量，也可以用科学计数法的形式书写。例如，2.6×10^9，在Visual FoxPro 中表示为 2.6E＋9。1.234E-6 则代表 1.234×10^{-6}，即 0.000 001 234。

3. 货币型常量

货币型常量，简称 Y 型常量，其书写格式与数值型常量相似，在内存中占 8 个字节。在书写时要加上一个前置的美元符号（＄），如，＄100 表示 100 美元。

4. 逻辑型常量

逻辑型常量，简称 L 型常量，是表示逻辑判断结果的"真"或"假"的逻辑值，在内存中只占 1 个字节。逻辑型常量只有逻辑真和逻辑假两个值，分别用.t.、.T.、.y.、.Y.表示真，用.f.、.F.、.n.、.N.表示假。逻辑型常量左右的圆点"."是不可缺少的。

5. 日期型常量

日期型常量，简称为 D 型常量，是表示日期值的数据，在内存中占 8 个字节。定界符是一对花括号（{ }），花括号内包括年、月、日 3 部分内容，各部分之间用分隔符分隔。日期型常量中默认的分隔符是斜杠（/），另外还包括"−"、"."和空格等。

日期型常量的格式有以下两种。

（1）传统的日期格式。月、日各为 2 位数字，而年份可以是 2 位数字，也可以是 4 位数字。系统默认的日期型数据为美国日期格式"mm/dd/yy"（月/日/年）。

（2）严格的日期格式。表示为{^yyyy-mm-dd}。用这种格式书写的日期常量能表达一个确切的日期。书写时要注意：花括号内第一个字符必须是字符"^"；年份必须用 4 位（如2016、2020 等）；年月日的次序不能颠倒、不能缺省。

例如，{^2016/5/10}、{5-10-16}或{12/10/16}均表示 2016 年 5 月 10 日。{^2016/5/10}是严格的日期格式；{5-10-16}和{5/10/16}是传统的日期格式。严格的日期格式可以在任何情况下使用，而传统的日期格式只能在 SET STRICTDATE TO 0 状态下使用。SET STRICTDATE TO 1 命令设置严格的日期格式（默认格式），此时只能输入严格日期格式，否则会出错；SET STRICTDATE TO 0 设置非严格日期格式，此时既可以用严格的日期格式，也可以用传统的日期格式来表示一个日期。

日期的年份显示位数受到 SET CENTURY 命令的影响。SET CENTURY OFF（默认）设置日期输出时年显示 2 位；SET CENTURY ON 设置日期输出时年显示 4 位。

6．日期时间型常量

日期时间型（Date Time）常量，简称 T 型常量，是表示日期和时间值的数据，在内存中占 8 个字节。日期时间型常量包括日期和时间两部分：{<日期<,<时间>}。<日期>部分与日期型常量相似，也有传统和严格的格式。

严格日期时间格式为{^yyyy-mm-dd[,] hh:mm:ss[a|p]}或{^yyyy/mm/dd[,] hh:mm:ss[a|p]}。其中 a 代表 AM（上午），p 代表 PM（下午），系统默认的格式为 AM。例如，{^2016/5/12,08:10 p}和{^2016-5-12,08:10 p}均表示 2016 年 5 月 12 日下午 8 点 10 分。

日期时间值可以包含完整的日期和时间，也可以只包含两者之一。如果省略日期值，则 Visual FoxPro 使用系统默认值；如果省略时间值，则 Visual FoxPro 使用系统默认的午夜零点时间。

2.1.2　Visual FoxPro 中的变量

变量是在命令或程序操作过程中可以改变其取值或数据类型的数据项。每一个变量都有 3 个要素，分别是变量名、数据类型和变量值。一般情况下，在 Visual FoxPro 中规定变量名以字母、汉字或下画线开头，由字母、汉字、下画线和数字组成，并且要避免使用系统保留字。

1．变量的分类

在 Visual FoxPro 中变量分为 4 类，分别是字段变量、内存变量、数组变量和系统变量。

1）字段变量

数据表中的每一个字段对应一个字段变量，字段名就是变量名。变量的数据类型可以是 Visual FoxPro 中的任意数据类型，字段值就是变量值。字段变量是定义在表中的变量，随表的存取而存取，因而是永久性变量。字段变量包括 13 种数据类型：字符型、数值型、浮点型、双精度型、整型、日期型、日期时间型、逻辑型、货币型、备注型、通用型、二进制字符型和二进制备注型。

2．内存变量

内存变量是独立于数据表存在的临时性变量，用来存放数据处理过程中的中间结果或最终结果。内存变量在使用时可以随时建立，当退出 Visual FoxPro 系统后，它也会与系统一同消失，其数据类型有字符型、数值型、货币型、逻辑型、日期型、日期时间型 6 种。

1）内存变量的赋值

系统通过变量名来访问变量，当内存变量与数据表中的字段变量同名时，用户在引用内存变量时要在其前面加上"M."或"M—>"。一般情况下，可以通过赋值的方法来建立内存变量。

下面介绍两个可以给内存变量赋值的赋值命令。

【格式1】　STORE <表达式> TO <内存变量表>

【格式2】　<内存变量> = <表达式>

【功能】　计算<表达式>的值并赋值给指定的内存变量。

【说明】　格式1中的命令可以将同一个表达式的值赋值给多个内存变量,各变量之间用逗号分隔,而格式2中的命令一次只能为一个内存变量赋值。

可以用下面两个命令将表达式的值显示在屏幕上。

【格式1】　? <表达式表>［AT <列号>］

【格式2】　?? <表达式表>［AT <列号>］

【功能】　计算表达式表中各表达式的值,并在屏幕上显示输出。

【说明】　"?"表示换行输出;"??"表示在光标位置接着输出;AT <列号>指定其前面一个表达式的显示列。

【例2-1】　执行如下命令:

```
STORE 100 TO n1,n2,n3
name = "刘中华"
?n1,n2,n3
?"姓名:"
??name
```

命令的执行结果是:

```
100        100        100
姓名: 刘中华
```

2）内存变量的显示

【格式】　LIST | DISPLAY MEMORY［LIKE <通配符>］

【功能】　显示当前已定义的内存变量的变量名、作用范围、类型、变量值等信息。

【说明】　LIKE 子句表示显示与通配符相匹配的内存变量,缺省该选项时则显示全部的内存变量。LIST MEMORY:一次性不分屏显示所指定的变量信息;DISPLAY MEMORY:分屏显示,如果当前屏幕不能完全显示,按任意键继续显示。

【例2-2】　执行如下命令显示例2-1中建立的内存变量:

```
LIST      MEMORY      LIKE ??
```

命令的执行结果是:

```
N1     Pub     N     100     (      100.00000000)
N2     Pub     N     100     (      100.00000000)
N3     Pub     N     100     (      100.00000000)
```

3）内存变量的清除

【格式1】　CLEAR MEMORY/CLEAR ALL

【功能】　删除当前内存中的全部内存变量。

【格式2】　RELEASE <内存变量名表>

【格式3】 RELEASE ALL［LIKE <通配符> ｜ EXCEPT <通配符> ］

【功能】 从内存中清除指定的内存变量。

【说明】 RELEASE <内存变量名表>：逐个释放指定的内存变量；RELEASE ALL：释放所有的内存变量。RELEASE ALL LIKE <通配符>：将所有与通配符相匹配的内存变量清除；RELEASE ALL EXCEPT <通配符>将所有与通配符不匹配的内存变量清除。

例如：

```
RELEASE n1,n2          && 清除内存变量 n1 和 n2
RELEASE ALL            && 清除用户定义的所有内存变量
RELEASE ALL LIKE n *   && 清除所有首字母为 N 的内存变量
RELEASE ALL EXCEPT n * && 清除除了首字母为 N 的所有内存变量
```

3. 数组变量

数组变量是一组具有相同名称并以下标加以区分的有序内存变量。数组中的各个内存变量称为数组元素,数组必须先定义后使用。

【格式】 DIMENSION|DECLARE <数组 1>(<下标 1>［,<下标 2>］)［,<数组名 2> (<下标 1>［,<下标 2>］)…］

【功能】 定义一维或二维数组及其下标的上界。

例如,DIMENSION cj(6),xm(2,4),该语句定义了一个有 6 个元素的一维数组 cj 和一个有 2 行 4 列共 8 个元素的二维数组 xm。

【说明】

- 数组中各个有序变量称为数组元素。每一个数组元素实际都是一个内存变量。数组元素的名称用数组加下标构成,下标下界为 1。例如,cj(1)、xm(2,2)分别表示一维数组 cj 的第 1 个元素、二维数组 xm 中第 2 行第 2 列的元素。
- 二维数组中的第 1 个下标称为行标,第 2 个下标称为列标。数组元素个数为行标和列标的乘积。例如,定义的二维数组 xm(2,4)中有 8 个数组元素。
- 各个数组元素的数据类型由所赋值的数据类型决定,不同数组元素的数据类型可以不同。在定义数组时,系统将各数组元素的初值设为逻辑假(.F.)。
- 用赋值命令可以为整个数组赋值,这时数组的各个元素的值是相同的;也可以为数组元素单独赋值。

【例 2-3】 执行如下命令：

```
DIME cj(6),xm(2,4)
cj = 100
xm(2,2) = "孙阳"
?cj(1),cj(5)
?xm(1,1),xm(2,2)
```

命令的执行结果是：

```
100        100
.F. 孙阳
```

4．系统变量

系统变量是 Visual FoxPro 系统特有的内存变量，它由 Visual FoxPro 系统定义和维护。系统变量用于设置和保存系统的状态和特性，熟悉并且充分地运用系统变量会给数据库系统的操作和管理带来很多方便。系统变量的变量名均以下画线"_"开头，例如_SCREEN，_WINDOWS 等都是系统变量。所以在定义内存变量和数组变量时不要以下画线开头。

2.2　Visual FoxPro 中的表达式

表达式是由常量、变量、函数等数据与运算符按一定规则组成的有意义的式子。表达式无论是简单还是复杂，都会有一个运算结果，即表达式的值。表达式分为数值表达式、字符表达式、日期时间表达式、关系表达式和逻辑表达式 5 类。各类表达式都有自己特定的运算符，且存在一定的运算顺序。

2.2.1　数值表达式

数值表达式又称算术表达式，由算术运算符和数值型常量、变量和数值型函数等组成，其运算结果是数值型数据。算术运算符及功能如表 2-1 所示。

表 2-1　算术运算符及功能

运算符	功　能	表达式举例	运算结果
** 或^	幂运算	$2\wedge4,4**3$	16,64
* 、/	乘、除运算	4 * 8,12/6	32,2
%	求余数	18%5	3
+ 、−	加、减	13+33,36−24	46,12

其中，%是求余运算，所得余数的小数位数与被除数相同，正负号和除数一致。各运算符按运算优先级从高到低的顺序是：圆括号>幂运算(** 或^)>乘(*)、除(/)、求余(%)>加(+)、减(−)。

【例 2-4】　执行如下命令：

```
?−6**2/−2,64/−2^4
STORE 5 TO x
?15%x,18%x,18%(x−10),−18%x, −18%−x
```

命令的执行结果是：

```
−18        4.00
0    3    −2    2    −3
```

2.2.2　字符表达式

字符表达式是由字符运算符和各类字符型数据组成的，其运算结果是字符型数据。字符运算符及功能如表 2-2 所示。

表 2-2　字符运算符及功能

运算符	功　　能	表达式举例	运算结果
＋	字符串连接运算	"虚拟　"＋"现实"	虚拟　　现实
－	将字符串1尾部空格移到字符串2后面再连接两字符串	"虚拟　"－"现实"	虚拟现实

2.2.3　日期时间表达式

日期时间表达式由日期时间运算符和日期型数据、日期时间型数据或数值型数据组成，运算符也有"＋"和"－"两个，其运算结果是日期型、日期时间型或数值型数据。日期运算符及功能如表 2-3 所示。

表 2-3　日期运算符及功能

运算符	功能	表达式举例	运算结果
＋	相加	{^2016/12/08}＋15	12/23/16(日期型数据)
－	相减	{^2016/12/23}－{^2016/12/08}	15(数值型数据)
		{^2016/12/23}－15	12/08/16(日期型数据)

2.2.4　关系表达式

关系表达式是由关系运算符和两个具有相同类型的数据组成，由关系运算符将两个运算对象连接起来，即：<表达式1><关系运算符><表达式2>。

关系表达式的运算结果是逻辑型数据。当关系表达式成立时其值为"真"，否则为"假"。在 Visual FoxPro 中关系运算符分为两种，分别是普通关系运算符和字符串关系运算符。

1. 普通关系运算符

普通关系运算符可以对数值型数据、货币型数据、字符型数据、逻辑型数据、日期型数据和日期时间型数据进行比较。其中数值型和货币型数据按数值大小进行比较；逻辑型数据假(.F..N.)为小；日期型数据和日期时间型数据按日期或时间的先后顺序进行比较，越早的日期或时间越小，越晚的日期或时间越大；字符型数据按 ASCII 码值的大小进行比较，汉字在默认情况下按其拼音的顺序进行比较。

普通关系运算符及功能如表 2-4 所示。

表 2-4　普通关系运算符及功能

运算符	功能	表达式举例	运算结果
＜	小于	3＊2＜5,{^2016/5/08}＜{^2016/4/08}	.F.,.F.
＜	大于	3＊2＞5,{^2016/10/08}＜{^2016/06/08}	.T.,.T.
＝	等于	3＊2=5,3＝－3	.F.,.F.
＜＞、♯、！＝	不等于	3＊2!＝5,"A"＜＞"a"	.T.,.T.
＜＝	小于或等于	3＊2<=5,"A"<="ABC"	.F.,.T.
＜＝	大于或等于	3＊2<=5,"A"<="A"	.T.,.T.

2. 字符串关系运算符

字符串关系运算符用于字符型数据之间的比较。字符串关系运算符有 3 个：查子串运算符($)、相等比较运算符(=)和恒等比较运算符(==)。

1) 查子串运算符($)

【格式】　<串 1>$<串 2>

【功能】　判断串 1 是否是串 2 的子串。如果是返回真(.T.)，否则返回假(.F.)。

【例 2-5】　执行如下命令：

```
?'虚拟现实'$'虚拟现实建模语言','工行'$'工商银行'
```

命令的执行结果是：

```
.T. .F.
```

2) 相等比较运算符(=)

【格式】　<串 1>=<串 2>

【功能】　判断串 1 是否和串 2 相等。

【说明】　相等比较运算符(=)运算结果受 SET EXACT ON/OFF 命令的影响(默认 OFF)。在默认情况(SET EXACT OFF)下，只要串 2 是从串 1 的第一个字符开始的子串，返回真(.T.)，否则返回假(.F.)；执行命令 SET EXACT ON 后，只有串 1 和串 2 的字符部分完全相同时(包括字符串首部和中间的空格，但字符串尾部的空格不影响运算结果)，返回真(.T.)，否则返回假(.F.)。

【例 2-6】　执行如下命令：

```
SET EXACT ON
? 'WIN7' = 'WIN','WIN' = 'W IN','WIN' = 'WIN ','WIN ' = 'WIN'
SET EXACT OFF
? 'WIN7' = 'WIN','WIN' = 'W IN','WIN' = 'WIN ','WIN ' = 'WIN'
```

命令的执行结果是：

```
.F. .F. .T. .T.
.T. .F. .F. .T.
```

3) 恒等比较运算符(==)

【格式】　<串 1>==<串 2>

【功能】　判断串 1 是否和串 2 恒等。

【说明】　只有当两个字符串完全一样时(包括串尾的空格)，返回真(.T.)，否则返回假(.F.)。

【例 2-7】　执行如下命令：

```
? 'WIN' == 'WIN ','WIN ' == 'WIN','win ' == 'win '
```

命令的执行结果是：

```
.F.   .F.   .T.
```

2.2.5 逻辑表达式

逻辑表达式是由逻辑运算符和逻辑型数据组成,其运算结果仍是逻辑型数据。逻辑运算符及功能如表 2-5 所示。

表 2-5 逻辑运算符及功能

运算符	功能	表达式举例	运算结果
NOT 或!	逻辑非运算	NOT 3 * 2 < 5	.F.
AND	逻辑与运算	3 * 2 < 5 AND {^2004/11/15}<{^2004/10/15}	.F.
OR	逻辑或运算	3 * 2 < 5 OR {^2004/11/15} <{^2004/10/15}	.T.

逻辑表达式在运算过程中遵循如表 2-6 所示的运算规则,各运算符按运算优先级从高到低的顺序是:逻辑非>逻辑与>逻辑或。

表 2-6 逻辑表达式的运算规则

A	B	A .AND. B	A .OR. B	.NOT. A
.T.	.T.	.T.	.T.	.F.
.T.	.F.	.F.	.T.	.F.
.F.	.T.	.F.	.T.	.T.
.F.	.F.	.F.	.F.	.T.

2.2.6 表达式的优先级

在 Visual FoxPro 系统中,各类运算的优先顺序是:圆括号>数值运算和日期运算>字符运算>关系运算>逻辑运算。

【例 2-8】 执行如下命令:

```
STORE 35 TO nl
Xb = "男"
?nl > 40 .AND. xb = "男"
??nl > 40 .OR. xb = "男"
??nl + 5 > 40 .OR. .NOT. xb = "男"
命令的执行结果是:
.F. .T. .F.
```

2.3 Visual FoxPro 中的函数

函数是一段程序代码,用来进行一些特定的运算或操作。函数由函数名和自变量两部分组成,其中函数名是 Visual FoxPro 的保留字,自变量必须用圆括号括起来,如有多个自变量,各自变量之间用逗号分隔。Visual FoxPro 中有些函数可以省略自变量,或者不需要自变量,这时也必须保留括号。在函数中,自变量的数据类型在函数定义时确定,数据类型可以是常量、变量、函数或表达式等。

函数的一般格式是：<函数名>(TypeExp1[,TypeExp2,…])。括号中的 TypeExp 称为自变量,其中 Type 表示自变量的数据类型,Exp 表示常量、变量、函数或表达式。Visual FoxPro 中的函数允许嵌套使用,即在一个函数中的自变量可以是另一个函数。

在 Visual FoxPro 中函数有 7 大类,分别是数值函数、字符函数、日期时间函数、类型转换函数、测试函数、表操作函数和系统函数。

2.3.1 数值函数

数值函数用于数值运算,其自变量和函数值都是数值型数据。

1. 取绝对值函数 ABS( )

【格式】 ABS(< nExp >)
【功能】 计算 nExp 的值,并返回该值的绝对值。
【例 2-9】 执行如下命令:

```
x = 4
y = 7
z = 20
?ABS(123 * 2 − 214.5)
?ABS( − 50)
?ABS(z − x * y)
```

命令的执行结果是:

```
31.50
50
8
```

2. 指数函数 EXP( )

【格式】 EXP(< nExp >)
【功能】 计算并返回以 e 为底、nExp 值为指数的幂。
【例 2-10】 执行如下命令:

```
?EXP(0)
?EXP(1)
```

命令的执行结果是:

```
1.00
2.72
```

3. 自然对数函数 LOG( )

【格式】 LOG (< nExp >)
【功能】 计算并返回 nExp 的自然对数。

【例2-11】 执行如下命令:

```
?LOG(2.72)
?LOG(1)
```

命令的执行结果是:

```
1.00
0.00
```

4. 常用对数函数 LOG10()

【格式】 LOG10(< nExp >)

【功能】 计算并返回 nExp 的常用对数。

【例2-12】 执行如下命令:

```
?LOG10(100)
?LOG10(1)
```

命令的执行结果是:

```
2.00
0.00
```

5. 取整函数 INT()

【格式】 INT(< nExp >)

【功能】 计算 nExp 的值,并返回该值的整数部分,结果不进行四舍五入。

【例2-13】 执行如下命令:

```
?INT(20 * 1.32)
?INT(5/2)
```

命令的执行结果是:

```
26
2
```

6. 平方根函数 SQRT()

【格式】 SQRT(< nExp >)

【功能】 计算并返回数值表达式 nExp 的平方根。其中的 nExp 应为非负数值,否则系统会弹出错误提示。

【例2-14】 执行如下命令:

```
?SQRT(100)
?SQRT(3 * 27)
```

命令的执行结果是:

10.00
9.00

7. 最大值函数 MAX()

【格式】 MAX(< Exp1 >,< Exp2 >[,< Exp3 >...])

【功能】 计算各个表达式的值(表达式类型必须一致),并返回其中的最大值。

【例 2-15】 执行如下命令:

? MAX(100,100 ^2,SQRT(100))

命令的执行结果是:

10000.00

8. 最小值函数 MIN()

【格式】 MIN(< Exp1 >,< Exp2 >[,< Exp3 >...])

【功能】 计算各个表达式的值(表达式类型必须一致),并返回其中的最小值。

【例 2-16】 执行如下命令:

? MIN(100,100 ^2,SQRT(100))

命令的执行结果是:

10.00

9. 求余数函数 MOD()

【格式】 MOD(< nExp1 >,< nExp2 >)

【功能】 返回 nExp1 除以 nExp2 的余数。余数的小数位数与 nExp1 相同,符号与 nExp2 相同。函数功能和运算符"%"相同。

【例 2-17】 执行如下命令:

?MOD(20,3)
?MOD(20.00,−3)
?MOD(−20.00,3)
?MOD(−20,−3)

命令的执行结果是:

2
−1.00
1.00
−2

10. 四舍五入函数 ROUND()

【格式】 ROUND(< nExp1 >,< nExp2 >)

【功能】　返回 nExp1 四舍五入的值,nExp2 表示保留的小数位数。

【例 2-18】　执行如下命令:

```
?ROUND(20/3,2),ROUND(20/3,0)
```

命令的执行结果是:

```
6.67  7
```

11. 上界函数 CEILING ( )

【格式】　CEILING (＜nExp＞)

【功能】　计算 nExp 的值,返回一个大于或等于该值的最小整数。

【例 2-19】　执行如下命令:

```
?CEILING(100/3)
```

命令的执行结果是:

```
34
```

12. 下界函数 FLOOR ( )

【格式】　FLOOR (＜nExp＞)

【功能】　计算 nExp 的值,返回一个小于或等于该值的最大整数。

【例 2-20】　执行如下命令:

```
?FLOOR(100/3)
```

命令的执行结果是:

```
33
```

13. 函数 PI( )

【格式】　PI( )

【功能】　返回常量 π 的近似值。

【例 2-21】　执行如下命令:

```
?PI()
```

命令的执行结果是:

```
3.14
```

14. 符号函数 SIGN ( )

【格式】　SIGN (＜nExp＞)

【功能】　计算并返回 nExp 的值的符号。该值为正、负、零时返回值分别为 1、-1、0。

【例2-22】 执行如下命令：

```
?SIGN(10),SIGN(-10),SIGN(0)
```

命令的执行结果是：

```
1        -1        0
```

15. 随机数函数 RAND()

【格式】 RAND()
【功能】 返回一个 0～1 之间的带有两位小数的随机数。

2.3.2 字符函数

字符函数是处理字符型数据的函数。

1. 子串位置函数

【格式】 AT(< cExp1 >,< cExp2 >)
【功能】 返回串 cExp1 在串 cExp2 中的起始位置。函数值为 N 型。如果串 cExp2 不包含串 cExp1,函数返回值为零。
【例2-23】 执行如下命令：

```
? AT("VRML","虚拟现实建模语言 VRML")
? AT("FoxPro","Visual FoxPro")
```

命令的执行结果是：

```
17
8
```

2. 取左子串函数 LEFT()

【格式】 LEFT(< cExp >,< nExp >)
【功能】 返回从 cExp 串中第 1 个字符开始,截取 nExp 个字符的子串。
【例2-24】 执行如下命令：

```
? LEFT("翻转课堂",4)
? LEFT("Visual FoxPro ",6)
```

命令的执行结果是：

```
翻转
Visual
```

3. 取右子串函数 RIGHT()

【格式】 RIGHT(< cExp >,< nExp >)

【功能】 返回从 cExp 串中右边第 1 个字符开始,截取 nExp 个字符的子串。

【例 2-25】 执行如下命令:

```
? RIGHT("混合式教学",4)
? RIGHT("Visual FoxPro ",7)
```

命令的执行结果是:

```
教学
FoxPro
```

4. 取子串函数 SUBSTR()

【格式】 SUBSTR(< cExp1 >,< nExp1 >[,< nExp2 >])

【功能】 返回从串 cExp1 中第 nExp1 个字符开始,截取 nExp2 个字符的子串。如果 nExp1 与 nExp2 的和超出 cExp 的长度或者 nExp2 缺省,函数返回从第 nExp1 个字符开始的所有字符;如果 nExp1 超出 cExp1 的长度,函数返回一个空串。

【例 2-26】 执行如下命令:

```
? SUBSTR("医学虚拟现实技术与应用",5)
? SUBSTR("医学虚拟现实技术与应用",5,8)
? SUBSTR("医学虚拟现实技术与应用",5,20)
? SUBSTR("Virtual Reality Modeling Language",9,7)
```

命令的执行结果是:

```
虚拟现实技术与应用
虚拟现实
虚拟现实技术与应用
Reality
```

5. 字符串长度函数 LEN()

【格式】 LEN(< cExp >)

【功能】 返回 cExp 串的字符数(长度),函数值为 N 型。

【例 2-27】 执行如下命令:

```
? LEN("虚拟现实建模语言 VRML")
? LEN("Virtual Reality ")
```

命令的执行结果是:

```
20
16
```

6. 删除字符串前导空格函数 LTRIM()

【格式】 LTRIM(< cExp >)

【功能】 删除 cExp 串的前导空格字符。

【例 2-28】 执行如下命令：

? "虚拟现实建模语言" + " VRML "
? "虚拟现实建模语言" + LTRIM (" VRML ")

命令的执行结果是：

虚拟现实建模语言 VRML
虚拟现实建模语言 VRML

7．删除字符串尾部空格函数 RTRIM()│TRIM()

【格式】 RTRIM│TRIM(< cExp >)
【功能】 删除 cExp 串尾部的空格字符。
【例 2-29】 执行如下命令：

? "分布式 " + "操作系统"
? RTRIM("分布式 ") + "操作系统"

命令的执行结果是：

分布式　操作系统
分布式操作系统

8．删除字符串首部和尾部所有空格函数 ALLTRIM()

【格式】 ALLRTRIM(< cExp >)
【功能】 删除 cExp 串首部和尾部所有空格字符。

9．计算字串出现次数函数 OCCURS ()

【格式】 OCCURS(< cExp1 >,< cExp2 >)
【功能】 返回 cExp1 串中第一个字符在 cExp2 串中出现的次数，函数值为数值型。如果 cExp1 中的第一个字符不是 cExp2 的子串，则函数值返回 0。
【例 2-30】 执行如下命令：

STORE 'abcracadabra' to s
? OCCURS('a',s),OCCURS('b',s),OCCURS('c',s),OCCURS('e',s)

命令的执行结果是：

5　　　　2　　　　2　　　　0

10．空格函数 SPACE()

【格式】 SPACE(< nExp >)
【功能】 返回一个包含 nExp 个空格的字符串。
【例 2-31】 执行如下命令：

? "分布式" + SPACE(5) + "数据库"

命令的执行结果是：

分布式   数据库

11. 子串替换函数 STUFF()

【格式】　STUFF(< cExp1 >,<起始位置>,<长度>,< cExp2 >)

【功能】　用< cExp2 >值替换< cExp1 >中由<起始位置>和<长度>指定的一个子串。替换和被替换的字符个数不一定相等。如果<长度>值是 0,< cExp2 >则插在由<起始位置>指定的字符前面；如果< cExp2 >值是空串,那么< cExp1 >中由<起始位置>和<长度>指定的子串被删去。

【例 2-32】　执行如下命令：

```
s1 = "good bye!"
s2 = "morning"
? STUFF(s1,6,3,S2),STUFF(s1,1,4,S2)
```

命令的执行结果是：

good morning! morning bye!

12. 字符串匹配函数 LIKE()

【格式】　LIKE(< cExp1 >,< cExp2 >)

【功能】　比较< cExp1 >和< cExp2 >两个字符串对应位置上的字符,若所有对应字符都匹配,函数返回逻辑真(.T.),否则返回逻辑假(.F.)。

< cExp1 >中可以包含通配符 * 和?。* 可以与任何数目的字符相匹配,?可以与任何单个字符相匹配。

【例 2-33】　执行如下命令：

```
s1 = "abc"
s2 = "abcd"
?LIKE("ab * ",s1),like(s1,"ab * "),LIKE("ab * ",s2),LIKE(s1,s2),LIKE("?b?",s1)
```

命令的执行结果是：

.T.   .F.   .T.   .F.   .T.

13. 字符复制函数 REPLICATE()

【格式】　REPLICATE(< cExp >,< nExp >)

【功能】　返回将 cExp 串重复 nExp 次的字符串。

【例 2-34】　执行如下命令：

```
?SPACE(5) + REPLICATE(" * ",1)
?SPACE(4) + REPLICATE(" * ",3)
?SPACE(3) + REPLICATE(" * ",5)
?SPACE(2) + REPLICATE(" * ",7)
```

```
?SPACE(1) + REPLICATE("*",9)
?REPLICATE("*",11)
```

命令的执行结果，如图 2-1 所示。

```
          *
         ***
        *****
       *******
      *********
     ***********
```

图 2-1　例 2-34 运行结果

14. 大小写转换函数 LOWER( )和 UPPER( )

【格式】　LOWER($<$ cExp $>$)

　　　　　UPPER($<$ cExp $>$)

【功能】　LOWER( )将 cExp 串中字母全部变成小写字母，UPPER( )将 cExp 串中字母全部变成大写字母，其他字符不变。

【例 2-35】　执行如下命令：

```
? LOWER("Visual FoxPro 程序设计")
? UPPER("Visual FoxPro 程序设计")
```

命令的执行结果是：

```
visual foxpro 程序设计
VISUAL FOXPRO 程序设计
```

15. 宏替换函数&

【格式】　& $<$ cVar $>$[.$<$ cExp $>$]

【功能】　替换出字符型变量 cVar 中的字符。

【例 2-36】　执行如下命令：

```
vrml = "虚拟现实建模语言"
虚拟现实建模语言 = "Virtual Reality Modeling Language"
? &vrml
```

命令的执行结果是：

```
Virtual Reality Modeling Language
```

2.3.3　日期时间函数

日期时间函数是处理日期型或日期时间型数据的函数。

1. 系统日期函数 DATE()

【格式】 DATE()

【功能】 返回当前系统日期,此日期由 Windows 系统设置,函数值为 D 型。

2. 系统时间函数 TIME()

【格式】 TIME([nExp])

【功能】 返回当前系统时间,时间显示格式为 hh:mm:ss,函数值为 C 型。若选择参数 nExp,则返回的时间包括秒的两位小数。

3. 年份函数 YEAR()

【格式】 YEAR(< dExp >)

【功能】 函数返回 dExp 式中年份值,函数值为 N 型。

【例 2-37】 执行如下命令:

? YEAR ({^2016/5/08})

命令的执行结果是:

2016

4. 月份函数 MONTH()、CMONTH()

【格式】 MONTH(< dExp >)
　　　　 CMONTH(< dExp >)

【功能】 MONTH()函数返回 dExp 式中月份数,函数值为 N 型;CMONTH()函数则返回月份的英文名称,函数值为 C 型。

5. 星期函数 DOW()、CDOW()

【格式】 DOW(< dExp >)
　　　　 CDOW(< dExp >)

【功能】 DOW ()函数返回 dExp 式中日期是一周的第几天,用 1~7 表示星期日~星期六,函数值为 N 型;CDOW ()函数返回 dExp 式中星期的英文名称,函数值为 C 型。

6. 日期函数 DAY()

【格式】 DAY(< dExp >)

【功能】 返回 dExp 式中月份的天数,函数值为 N 型。

【例 2-38】 执行如下命令:

? DAY({^2016/5/08})

命令的执行结果是:

2.3.4　类型转换函数

类型转换函数可以实现将不同数据类型的数据进行相应的转换,以满足实际应用的需要。

1. ASCII 码函数 ASC()

【格式】　ASC（＜cExp＞）

【功能】　返回 cExp 串首字符的 ASCII 码值,函数值为 N 型。

【例 2-39】　执行如下命令:

```
? ASC("ABC"), ASC("a") - ASC("A"), ASC("123")
```

命令的执行结果是:

```
6        32       49
```

2. ASCII 字符函数 CHR()

【格式】　CHR(＜nExp＞)

【功能】　返回以 nExp 值为 ASCII 码的 ASCII 字符,函数值为 C 型。

【例 2-40】　执行如下命令:

```
? CHR(98), CHR(68), CHR(50)
```

命令的执行结果是:

```
b   D   2
```

3. 字符日期型转换函数 CTOD()

【格式】　CTOD(＜cExp＞)

【功能】　把"××/××/××"格式的 cExp 串转换成对应日期值,函数值为 D 型。

【例 2-41】　执行如下命令:

```
? YEAR(CTOD("5/25/2016"))
```

命令的执行结果是:

```
2016
```

4. 日期字符型转换函数 DTOC()

【格式】　DTOC(＜dExp＞)

【功能】　把日期 dExp 转换成相应的字符串,函数值为 C 型。

5. 数值字符型转换函数 STR()

【格式】　STR(＜nExp1＞[,＜nExp2＞][,＜nExp3＞])

【功能】　将 nExp1 的数值转换成字符串形式,nExp2 指出转换后字符串的总长度(包括小数点),nExp3 指出转换后字符串的小数位长度,函数值为 C 型。

【例 2-42】　执行如下命令:

```
? STR(123.456,6,2)
? STR(123.456,5,2)
```

命令的执行结果是:

```
123.46
123.5
```

6. 字符数值型转换函数 VAL( )

【格式】　VAL(< cExp >)

【功能】　将 cExp 串中数字转换成对应的数值,转换结果取两位小数,遇到 cExp 的非数字字符则停止转换,函数值为 N 型。

【例 2-43】　执行如下命令:

```
? VAL("123.456")
? 3 * VAL("1.25E3"),
? VAL("4A56")
```

命令的执行结果是:

```
123.46
3750.00
4.00
```

2.3.5　测试函数

测试函数能够使用户获取操作对象的相关属性,如数据对象的类型、状态等。

1. 值域测试函数 BETWEEN( )

【格式】　BETWEEN(< Exp1 >,< Exp2 >,< Exp3 >)

【功能】　判断一个表达式的值是否介于另外两个表达式的值之间。< Exp1 >在< Exp2 >和< Exp3 >之间时,函数值为真(.T.),否则为假(.F.);如果< Exp2 >和< Exp3 >,其中一个是 NULL 值,那么函数值也是 NULL 值。

3 个表达式可以是数值型、货币型或日期型等,但 3 个变量的类型要保持一致。

【例 2-44】　执行如下命令:

```
STORE NULL TO x
STORE 100 TO y
?BETWEEN(150,y,y + 100),BETWEEN(90,x,y)
```

命令的执行结果是:

```
.T.　　.NULL.
```

2. 数据类型测试函数 VARTYPE()

【格式】　VARTYPE(<Exp>)

【功能】　测试 Exp 的数据类型,返回值是一个表示数据类型的大写字母。可以是 C（字符型）、D（日期型）、N（数值型）、Y（货币型）、L（逻辑型）、M（备注型）、G（通用型）、U（未定义）等。

【例 2-45】　执行如下命令:

```
? VARTYPE("{^2016/5/30}")
? VARTYPE({^2016/5/30})
? VARTYPE("虚拟现实")
? VARTYPE(HB)
HB = $ 200
? VARTYPE(HB)
?VARTYPE(1 = -1)
```

命令的执行结果是:

```
C
D
C
U
Y
L
```

3. 串首字母测试函数 ISALPHA()

【格式】　ISALPHA(<cExp>)

【功能】　判断字符表达式 cExp 的最左边一个字符是否为字母。如果 cExp 的第一个字符是字母,则返回真(.T.);否则返回假(.F.)。

【例 2-46】　执行如下命令:

```
? ISALPHA("Virtual Reality Modeling Language")
? ISALPHA("100")
```

命令的执行结果是:

```
.T.
.F.
```

4. 串首小写字母测试函数 ISLOWER()

【格式】　ISLOWER(<cExp>)

【功能】　判断字符表达式 cExp 的最左边一个字符是否为小写字母。如果 cExp 的第一个字符是小写字母,则返回真(.T.);否则返回假(.F.)。

【例 2-47】　执行如下命令:

```
? ISLOWER("One World One Dream")
```

```
? ISLOWER("one world one dream ")
```

命令的执行结果是：

```
.F.
.T.
```

5. 串首大写字母测试函数 ISUPPER()

【格式】 ISUPPER（＜cExp＞）

【功能】 判断字符表达式 cExp 的最左边一个字符是否为大写字母。如果 cExp 的第一个字符是大写字母,则返回真(.T.);否则返回假(.F.)。

【例 2-48】 执行如下命令：

```
? ISUPPER("One World One Dream")
? ISUPPER("one world one dream ")
```

命令的执行结果是：

```
.T.
.F.
```

6. 条件测试函数 IIF()

【格式】 IIF(＜lExp＞,＜eExp1＞,＜eExp2＞)

【功能】 如果逻辑表达式 lExp 值为真(.T.),返回表达式 eExp1 的值;否则返回表达式 eExp2 的值。eExp1 和 eExp2 可以是任意数据类型的表达式。

【例 2-49】 执行如下命令：

```
lzh = .T.
jll = .F.
? "刘中华,性别: ", IIF(lzh,"男","女")
? "蒋丽丽,性别: ",IIF(jll,"男","女")
命令的执行结果是:
刘中华,性别: 男
蒋丽丽,性别: 女
```

7. "空"值测试函数 EMPTY()

【格式】 EMPTY（＜Exp＞）

【功能】 如果表达式 Exp 取值为"空"(空的字符串或者只有空格的字符串与数字 0 都为"空"),则返回真(.T.);否则返回假(.F.)。

【例 2-50】 执行如下命令：

```
RQ = DATE()
XM = " "
N = 0
M = N + 1
?EMPTY(RQ),EMPTY(XM)
```

```
?EMPTY(N), EMPTY(M)
```

命令的执行结果是:

```
.F. .T.
.T. .F.
```

8. NULL 值测试函数 ISNULL( )

【格式】   ISNULL(< Exp >)

【功能】   .NULL.值常用来表示未知或未定义的数据项,不同于零或空串,.NULL.值大多数用在表的字段中。如果表达式 Exp 取值为.NULL.,则返回真(.T.);否则返回假(.F.)。NULL 值测试函数与"空"值 EMPTY 测试函数是两个不同的概念。

【例 2-51】   执行如下命令:

```
?EMPTY(0),ISNULL(0)
N = .NULL.
? EMPTY(N),ISNULL(N)
?EMPTY(SPACE(5)),ISNULL(SPACE(5))
```

命令的执行结果是:

```
.T. .F.
.F. .T.
.T. .F.
```

2.3.6 表操作函数

表操作函数用于数据表的操作。

1. 表起始标识测试函数 BOF( )

【格式】   BOF( )

【功能】   测试记录指针是否移到表起始位置。如果记录指针指向表中首记录前面,函数返回真(.T.),否则返回假(.F.)。

2. 表结束标识测试函数 EOF( )

【格式】   EOF( )

【功能】   测试记录指针是否移到表结束处。如果记录指针指向表中尾记录之后,函数返回真(.T.),否则返回假(.F.)。

3. 当前记录号函数 RECNO( )

【格式】   RECNO( )

【功能】   返回指定工作区中表的当前记录的记录号,对于空表函数返回值为1。

4. 表内记录数函数 RECCOUNT ( )

【格式】   RECCOUNT ( )

【功能】　返回指定工作区中表内的记录总个数。如果在指定的工作区中没有打开的表，函数返回值为 0。

5．表结构字段数函数 FCOUNT()

【格式】　FCOUNT()

【功能】　返回指定工作区中表结构的字段数目。如果在指定工作区没有打开的表，函数返回值为 0。

6．字段名测试函数 FIELD()

【格式】　FIELD(<nExp>)

【功能】　返回指定工作区中表的字段名，返回的字段名为大写。如果 nExp 等于 1，则返回表中的第一个字段名；如果 nExp 等于 2，则返回第二个字段名，依此类推。如果 nExp 大于字段的数目，则函数返回空字符串。

7．记录删除测试函数 DELETED()

【格式】　DELETED()

【功能】　测试当前记录是否标有删除标记。如果当前记录标有删除标记，函数返回真（.T.），否则返回假（.F.）。

8．数据库名称和路径函数 DBC()

【格式】　DBC()

【功能】　返回当前数据库的名称和路径。如果没有当前数据库，函数返回空字符串。

2.3.7　系统函数

系统函数能够设置或者获得 Visual FoxPro 的系统或环境参数。

1．对话框函数 MESSAGEBOX()

【格式】　MESSAGEBOX(提示信息[,对话框的属型[,对话框窗口标题]])

【功能】　弹出一个自定义的对话框，常用作提示，也可以做一些简单的选择，例如"确定"、"取消"等，是程序中经常用到的一个函数。

【说明】
- 提示信息：用于指示对话框中所用到的提示文字。
- 对话框的属性：用于确定对话框的按钮、图标等属性。这是一个数值型的参数，由以下 3 项组成。

设置图标，如表 2-7 所示。

表 2-7 MESSAGEBOX()值与图标

值	图标
16	红色叉号
32	问号
48	感叹号
64	字母 I

设置按钮属性,如表 2-8 所示。

表 2-8 MESSAGEBOX()值与按钮属性

值	对话框按钮属性
0	仅有一个"确定"按钮
1	有"确定"和"取消"按钮
2	有 3 个按钮,分别是"终止"、"重试"、"忽略"
3	有"是"、"否"和"取消"按钮
4	有"是"和"否"按钮
5	有"重试"和"取消"按钮

设置默认按钮,如表 2-9 所示。

表 2-9 MESSAGEBOX()值与默认按钮

值	默认按钮
0	第一个按钮
256	第二个按钮
512	第三个按钮

• 对话框窗口标题:显示在对话框窗口上部蓝色区域内的信息。

【例 2-52】 执行如下命令:

MESSAGEBOX ("13 岁以下患者只能住儿科,请重新选择",0 + 64 + 0,"提示")

命令的执行结果是弹出如图 2-2 所示的对话框。

图 2-2 MESSAGEBOX()弹出的对话框

2. 颜色设置函数 RGB()

【格式】 RGB($<$ nExp1 $>$,$<$ nExp2 $>$,$<$ nExp3 $>$)

【功能】 根据一组红、绿、蓝颜色成分返回一个单一的颜色值。RGB( )函数返回的值可以用来设置诸如 BACKCOLOR 和 FORECOLOR 等颜色属性。nExp1 指定红色成分的强度，nExp2 指定绿色成分的强度，nExp3 指定蓝色成分的强度。nExp1、nExp2 和 nExp3 的大小范围是 0～255，0 是最小的颜色强度，255 是最大的颜色强度。

【例 2-53】　执行如下命令：

```
_SCREEN. BACKCOLOR = RGB(0,0,255)
_SCREEN. FORECOLOR = RGB(255,0,0)
```

命令的执行结果是设置背景色为蓝色，前景色为红色。

本章小结

本章重点介绍了 Visual FoxPro 常量、变量、表达式和函数的功能和使用方法。主要掌握字符型、数值型、货币型、逻辑型、日期型和日期时间型常量 6 种类型的常量；内存变量的赋值、显示和清除的方法；数值表达式、字符表达式、日期表达式、关系表达式和逻辑表达式的使用方法；数值函数、字符函数、日期时间函数、类型转换函数、测试函数、表操作函数和系统函数的使用方法。

第**3**章
Visual FoxPro中的程序设计

导学

内容与要求

本章主要介绍程序设计简介、程序结构设计和模块化程序设计等的程序设计思想与方法,通过大量典型案例的介绍,读者可掌握计算机高级语言,提高解决实际应用问题的能力。

程序设计简介部分要求理解程序及程序设计思想,掌握程序的建立与运行方法及交互式输入语句。

程序结构设计部分要求掌握程序的顺序结构、3种分支结构和3种循环结构。

模块化程序设计部分要求掌握子程序、过程的调用与参数传递方法,理解内存变量的作用域。

重点、难点

本章的重点是程序结构设计及模块化程序设计的方法。难点是循环结构的程序设计。

本章介绍 Visual FoxPro 程序设计的完整过程,使用各种编程语句实现结构化程序设计的目标。通过本章的学习,掌握 Visual FoxPro 面向过程程序设计的方法与技术。

3.1　程序设计简介

Visual FoxPro 中面向过程的程序设计是训练读者严谨的计算机思维及程序化工作的有效手段,也是读者利用 IT 技术解决实际问题的技术工具与方法。

3.1.1　程序文件

1. 程序的概念

程序是能够完成一定任务的命令的有序集合。这组命令被存放在称为程序文件的文本文件中。当运行程序时,系统会按照一定的次序自动执行包含在程序文件中的命令。与在命令窗口逐条输入命令相比,采用程序方式有如下优点:

（1）利用程序设计器，方便地输入、修改和保存程序。

（2）能够采用几种方式多次运行一段程序。

（3）可以在一个程序中调用另一个程序运行。

Visual FoxPro 程序文件的扩展名为.prg。

2．程序设计的方式

Visual FoxPro 支持面向过程的程序设计和面向对象的程序设计两种设计方式。

（1）面向过程的程序设计。其思想是从程序员角度考虑，使程序设计更简单，而较少从用户角度去考虑。方法是把一个复杂的程序分解为若干个较小的过程，每个过程都可进行独立调试，程序流程完全由程序员控制。

（2）面向对象的程序设计。其思想是面向对象，设计的主要任务在于描述对象。对象所包含的程序是由事件驱动，当在某对象上的事件发生时，程序执行。而发生什么事件则要看使用者的操作，如单击、双击鼠标等。程序流程由用户控制。

3.1.2　程序的建立及运行

1．程序的建立

Visual FoxPro 程序文件的建立可用下面两种方式操作。

1）菜单方式

执行"文件"|"新建"命令，在弹出的"新建"对话框中选择单击按钮，在建立的程序设计窗口中进行代码的编辑。

2）命令方式

【格式】　MODIFY COMMAND［路径］<程序名>［.prg］

【功能】　打开 Visual FoxPro 的程序设计窗口，在其中编辑或修改程序文件，按 Ctrl＋W 组合键存盘退出程序编辑或修改状态，返回到命令窗口状态。

【说明】　用命令的方法可以编辑生成一个新的程序文件，也可以对已经存在的程序文件进行修改。

2．程序的运行

Visual FoxPro 程序文件的运行可用下面两种方式操作。

1）菜单方式

执行"程序"|"运行"命令，在弹出的"运行"对话框中选择所要运行的文件，单击"运行"按钮。

当一个程序文件处于打开状态时，可以单击"常用"工具栏上的"运行"按钮 ![] 执行该程序。

2）命令方式

【格式】　DO［路径］<程序名>［.prg］

Visual FoxPro 程序运行时，首先由编译程序逐条检查语法错误，发现程序错误时则立即打开程序设计窗口，光标停留在程序中有错误的语句行，并用文字提示错误类型。如果检查无语法错误,则按照程序中语句的先后顺序依次运行,直到程序运行中遇到 CANCAL、RETURN 或 QUIT 等命令语句时结束运行。

【说明】

- CANCEL:终止一个正在执行的程序。
- RETURN:一个程序运行结束的标识语句。
- QUIT:退出 Visual FoxPro 系统,返回到操作系统。

3.1.3　交互式输入语句

程序运行过程中,通常要求用户输入一些数据或者根据屏幕上的提示做出选择。Visual FoxPro 系统提供 3 条实现人机交互的输入语句。

1. ACCEPT 字符串输入命令

【格式】　ACCEPT [<提示信息>] TO <内存变量>

【功能】　程序执行到此语句时,将暂停运行,屏幕上显示提示信息,等待用户按需要从键盘上输入任何可显示的 ASCII 字符、数字或汉字等信息,按 Enter 键确认后,则把输入内容赋值给指定内存变量,程序自动继续向下运行。

【说明】

- 该命令只能接收字符串。用户在输入字符串时不需要加定界符,否则系统会把定界符作为字符串本身的一部分。
- 如果不输入任何内容而直接按 Enter 键,系统会把空串赋给指定的内存变量。

【例 3-1】　从键盘输入个人信息并输出。

```
CLEAR
ACCEPT "请输入你的姓名" TO XM
ACCEPT "请输入你的爱好" TO AH
? "你的姓名是:", XM
? "你的爱好是:", AH
```

2. INPUT 表达式输入命令

【格式】　INPUT [<提示信息>] TO <内存变量>

【功能】　在程序执行过程中,将用户从键盘上输入的内容赋值给指定的内存变量。

【说明】

- INPUT 命令可以接收输入的字符型、数值型、逻辑型、日期型和日期时间型等类型的数据并将其值赋给变量保存,程序自动继续向下运行。
- 如果选用<提示信息>,那么系统会显示提示信息,然后等待用户输入;否则没有提示信息等待用户输入。
- 输入的数据可以是常量、变量,也可以是一般的表达式,但不能不输入任何内容直接按 Enter 键。
- 输入字符串时必须加定界符,输入逻辑型常量时要用圆点定界(如.F.),输入日期型常量时要用大括号(如{^2014-11-12})。

【例3-2】　设计求长方形面积的程序：输入两个边长的值后输出面积结果。

```
CLEAR
INPUT "请输入长方形一条边的边长： " TO A
INPUT "请输入长方形另一条边的长： " TO B
S = A * B
? "该长方形的面积为：", S
```

3. WAIT 单字符输入命令

【格式】　WAIT［<字符表达式>］［TO <内存变量>］［WINDOW［AT <行>,<列>]]
　　　　　［NOWAIT］［CLEAR | NOCLEAR］［TIMEOUT <数值表达式>］

【功能】　显示提示信息,暂停程序执行,直到用户按任意键或单击鼠标时继续执行程序。

【说明】

- 如果<字符表达式>值为空串,那么不会显示任何提示信息。如果没有指定<字符表达式>,则显示默认的提示信息"按任意键继续"。
- <内存变量>用来保存用户输入的字符,其类型为字符型。若用户按的是 Enter 键或单击了鼠标,那么<内存变量>中保存的将是空串。若不选 TO <内存变量>短语,输入的单字符不保留。
- 一般情况下,提示信息被显示在 Visual FoxPro 主窗口或当前用户自定义窗口中。如果指定了 WINDOW 子句,则会出现一个 WAIT 提示窗口,用以显示提示信息。提示窗口一般位于主窗口的右上角,也可用 AT 短语指定其在主窗口的位置。
- 选用 NOWAIT 短语,系统将不等待用户按键,直接往下执行。
- 若选用 NOCLEAR 短语,则不关闭提示窗口,直到用户执行下一条 WAIT WINDOW 命令或 WAIT CLEAR 命令为止。
- TIMEOUT 子句用来设定等待时间(秒数)。一旦超时就不再等待用户按键,自动往下执行。

【例3-3】　从键盘输入一个正数,求以此数为半径的圆的面积和球的体积。当完成后,在屏幕的右上角提示用户操作结束,提示信息要在屏幕停留 5 秒,运行结果如图 3-1 所示。

```
CLEAR
INPUT "请输入圆的半径 = " TO R
S = 3.14 * R * R
V = 4/3 * 3.14 * R^3
? "圆的半径为：", R
? "圆的面积为：", S
? "球的体积为：", V
WAIT "运行结束,5 秒后退出！" WINDOW TIMEOUT 5
```

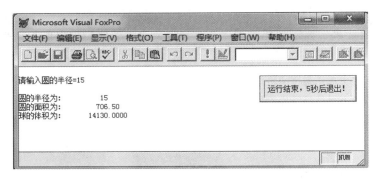

图 3-1　WAIT 命令提示信息

3.1.4　输出与注释语句

1. 格式化输出命令@

【格式】　@ <行号,列号> SAY <表达式>
【功能】　指定在屏幕上的行、列号处,输出表达式的值。

2. 文本输出命令 TEXT/ENDTEXT

【格式】　TEXT
　　　　　<若干文本行>
　　　　　ENDTEXT
【功能】　显示输出 TEXT 与 ENDTEXT 之间<文本行>的内容,这些文本中所有的内容均不需要加字符串定界符。
【说明】
- <文本行>是若干行字符串、数字、符号等文本内容,均不需要加定界符。
- TEXT 与 ENDTEXT 必须成对出现。
- 该命令功能必须书写在程序中才执行,在命令窗口中无法执行。

【例 3-4】　制作一个简单的菜单程序界面,运行结果如图 3-2 所示。

```
CLEAR
TEXT
        **************************************************************
                            学生信息查询系统
                       ~~~~~~~~~~~~~~~~~~~
         1－学生基本信息查询 2－学生成绩查询 3－学生费用查询 4－退出查询
        **************************************************************
ENDTEXT
WAIT " 请输入功能代码 1－4: " TO dm
```

3. Visual FoxPro 的计算与输出命令：? / ??

参见第 2 章 2.1.2 节内存变量定义。

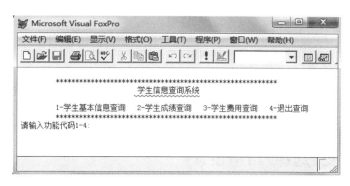

图 3-2　TEXT 命令设计的菜单

4. Visual FoxPro 的注释命令

【格式 1】　NOTE／＊＜注释字符串＞
【格式 2】　&&＜注释字符串＞
【说明】

- 上述命令不做任何操作，只是注释标记，一般用于说明程序功能或命令的作用等。
- 注释内容不需要用定界符定界，执行时也不显示。注释信息如果在一行内没有写完，换行时行首也必须再写注释命令及注释内容。
- NOTE 或 ＊ 是用于整行注释的命令，因此，它必须写在每一个注释行的开头；而 && 命令用于注释同一行命令的内容，因此它可以写在本行的后面。

3.2　程序结构设计

Visual FoxPro 过程化程序设计中有 3 种基本结构：顺序结构、分支（选择）结构和循环结构。程序设计一般以顺序结构为主框架，语句按程序书写的先后顺序逐条命令自动执行，需要判断和循环处理某些事件时可以灵活使用分支结构和循环结构控制程序流程的执行。

（1）顺序结构：程序运行时，按程序文件中命令语句的先后顺序，逐条依次执行。顺序结构可以看成是过程化程序设计的基本框架。

（2）分支（选择）结构：该结构是根据程序中判断语句中的条件成立与否，来决定程序执行后面哪些命令语句序列，从而程序可以按条件判断结果来选择处理不同的事件或跳转到程序指定的段落执行。

（3）循环结构：该结构可以实现按功能需要，自动循环处理某些指定的语句序列。Visual FoxPro 提供了三种循环控制结构：DO WHILE 循环、FOR 循环和 SCAN 数据表循环结构。

3.2.1　顺序结构设计

顺序结构是程序设计的基本框架结构，它以程序文件中命令的书写顺序为程序执行的先后次序，逐条执行。下面是一个简单的顺序结构程序的例子。

【例3-5】 编写一个求长方形面积的程序,该程序为顺序结构设计。

```
CLEAR
INPUT "请输入长方形的一个边的边长:" TO X
INPUT "请输入长方形的另外一条边的边长:" TO Y
Z = X * Y
? "长方形的面积为:", Z
RETURN
```

3.2.2 分支(选择)结构设计

分支(选择)结构可以按预先设计好的条件,判断并选择执行某些特定的语句序列,或使程序跳转到指定的语句往下继续运行。

1. IF 简单条件转向分支结构

【格式】

```
IF   <条件表达式>
     <语句序列>
ENDIF
```

【功能】 程序运行到 IF 语句时,判断条件表达式是否成立,如果表达式为真值(.T.),则执行 IF 后面的语句序列;如果表达式为假值(.F.),则程序跳转到 ENDIF 语句后面的语句继续执行。分支结构流程如图 3-3 所示。

【例3-6】 编写学生成绩查询系统登录时的密码校验程序(假设密码为 CMU)。当输入密码正确时,显示"欢迎登入成绩查询系统";否则程序结束。

程序如下:

```
CLEAR
SET EXACT ON
ACCEPT "请输入密码:" TO MM
IF MM = "CMU"
   CLEAR
   @ 15,20 SAY "欢迎登入成绩查询系统"
ENDIF
```

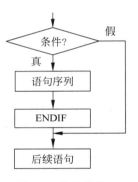

图 3-3 分支结构 1

2. IF 带否定条件选择转向分支结构

【格式】

```
IF <条件表达式>
 <语句序列 1>
ELSE
 <语句序列 2>
ENDIF
```

【功能】 程序运行到 IF 语句时,判断条件表达式是否成立,如果表达式的值为真值

(.T.),则执行句序列1,结束后则跳转到 ENDIF 语句后面继续执行。如果表达式的值为假值(.F.),则程序执行语句序列2,结束后则跳转到 ENDIF 语句后面继续执行,带有否定条件的分支结构流程如图 3-4 所示。

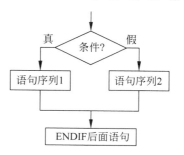

图 3-4　分支结构 2

【例 3-7】　编写学生成绩查询系统登录时,密码校验程序(假设密码为 CMU),程序设计如下:

```
CLEAR
SET EXACT ON
ACCEPT "请输入密码: " TO MM
IF MM = "CMU"
    CLEAR
    @ 15,20 SAY "欢迎登录成绩查询系统,继续!"
ELSE
    ? "密码错误!"
    WAIT "按任意键结束"
    QUIT
ENDIF
```

3. DO CASE 多分支选择语句结构

【格式】

```
DO CASE
    CASE <条件表达式 1>
        <语句序列 1>
        CASE <条件表达式 2>
        <语句序列 2>
        …
    [OTHERWISE
        <语句序列 N>]
    ENDCASE
```

【功能】　DO CASE 多条件分支语句,该结构可以依次判断每个 CASE 条件表达式是否成立,如表达式为真值(.T.),则运行其下面的语句序列,然后跳转到 ENDCASE 后面的语句继续运行。如果所有的条件都不成立,则执行 OTHERWISE 与 ENDCASE 之间的语句序列,然后跳转到 ENDCASE 后面的语句继续执行。多分支结构流程如图 3-5 所示。

【例 3-8】　多分支语句 DO CASE 练习举例。

以学生成绩评定为例编程。评定等级为:分数大于等于 85 分为"优秀",大于等于 70 小于 85 分的为"良好",大于等于 60 小于 70 分为及格,小于 60 分为不及格。

```
CLEAR
INPUT SPACE(10) + "请您输入分数:" TO score
DO CASE
    CASE score >= 85
        ? SPACE(5) + "您的等级评定是" + "优秀"
    CASE score >= 70
```

```
            ? SPACE(5) + "您的等级评定是" + "良好"
        CASE score > = 60
            ? SPACE(5) + "您的等级评定是" + "及格"
        OTHERWISE
            ? SPACE(5) + "您的等级评定是" + "不及格"
    ENDCASE
    RETURN
```

分数等级评定程序的运行结果如图 3-6 所示。

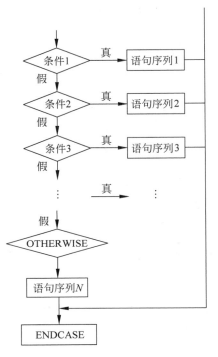

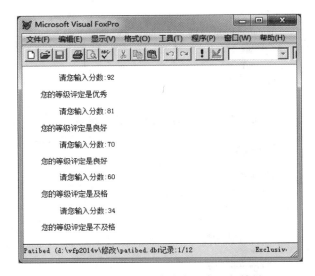

图 3-5   多分支结构   图 3-6   DO CASE 多分支程序运行结果

多分支 DO CASE 结构程序设计,特别适合多种条件分别判断并行运算的要求,它避免了 IF 的嵌套结构判断,每次运行仅作一种符合条件的运算,从而使复杂的嵌套逻辑关系简单化,大大降低了分支程序设计的嵌套难度与出错机会。

前面介绍的 3 种分支结构中,IF 和 ENDIF 以及 DO CASE 和 ENDCASE 必须成对出现,缺了分支的"头"或分支的"尾"都会出错。

3.2.3   循环结构设计

循环结构也称重复结构,是指程序在执行的过程中,其中的某段代码被重复执行若干次。被重复执行的代码段,通常称为循环体。

1. 条件循环结构

【结构 1】   条件循环结构

【格式】　DO WHILE <条件表达式>
　　　　　　<语句序列>
　　　　　　ENDDO

【功能】　每次运行到 DO WHILE <条件表达式>语句时,先要判断条件表达式是否成立(真假),为真值时,则运行循环体内的语句序列,遇到 ENDDO 语句时,程序自动跳转回到 DO WHILE 语句,再次判断条件表达式的真假状态,往复运行循环体语句序列,直到表达式为假值时结束循环,程序跳转到 ENDDO 语句后面继续运行。条件循环结构如图 3-7 所示。

【例 3-9】　条件循环语句练习,编程求 200 以内的偶数累加和。

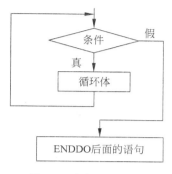

图 3-7　条件循环结构

```
CLEAR
TEXT
    计算出 200 以内的所有偶数和,平均值、计数
ENDTEXT
?
s = 0
n = 0
a = 1
DO WHILE a <= 200
  IF INT(a/2) = a/2
    ?? ALLT(STR(a,3)) + " "
    s = s + a
    n = n + 1
  ENDIF
  a = a + 1
ENDDO
?
@ 7,12 SAY "200 以内的所有偶数和为:" + STR(s,5)
@ 8,12 SAY "200 以内的所有偶数一共:" + STR(n,3) + "个"
@ 9,12 SAY "200 以内的偶数平均值为:" + STR(s/n,3)
RETURN
```

运行结果如图 3-8 所示。

【结构 2】　循环体内语句序列可控制的循环结构

【格式】　　　　　　DO WHILE <条件表达式>
　　　　　　　　　　　　<语句序列 1>
　　　　　　　　　　　　[LOOP 判断]
　　　　　　　　　　　　<语句序列 2>
　　　　　　　　　　　　[EXIT 判断]
　　　　　　　　　　　　<语句序列 3>
　　　　　　　　　　ENDDO

【功能】　该循环结构除了受循环条件表达式的控制之外,还受到循环体内 LOOP、EXIT 语句的控制。

LOOP 语句,一般放在循环体内的 IF 判断语句结构中,如果条件表达式判断为真时,使

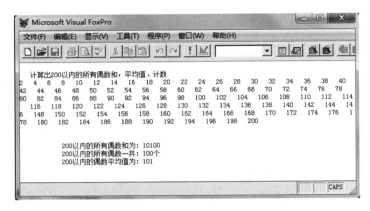

图 3-8　例 3-9 的运行结果

程序无条件地跳转到循环开头语句 DO WHILE〈条件表达式〉,进行下一次循环操作。

EXIT 语句,一般也是放在循环体内的 IF 判断语句结构中,可使程序无条件地结束循环,跳转到 ENDDO 语句的后面继续运行。循环的内部条件控制结构如图 3-9 所示。

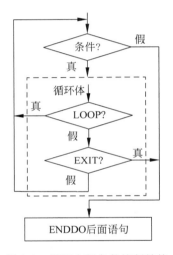

图 3-9　循环内部条件控制结构

【例 3-10】　任意输入一个大于 3 的数,编程判断此数是否是素数。

```
* 判断一个大于 3 的数是否为素数
CLEAR
DO WHILE .T.                      此循环用于控制输入一个
                                  大于 3 的数
  INPUT "请输入一个数(>=3):" TO s
  IF s<=3
    LOOP
  ELSE
    EXIT
  ENDIF
ENDDO
f=0 && f 为标记变量,其值为 0 时 S 是素数,为 1 时 S 不是素数
i=2
DO WHILE i<=INT(SQRT(s))          一个数若为素数,则其不能被从 2 到其平方根中的每个数整除
  IF MOD(s,i)<>0
    i=i+1
    LOOP
  ELSE
    f=1
    EXIT
  ENDIF
ENDDO
IF f=0
  ? STR(s,3)+"是素数"
ELSE
  ? STR(s,3)+"不是素数"
```

```
ENDIF
RETURN
```

2. FOR 循环语句

【格式】 FOR <循环变量> = 初值 TO 终值 [STEP 步长]
              <循环体语句序列>
          ENDFOR | [NEXT]

【功能】 FOR 和 ENDFOR 语句构成计数式循环控制结构。当执行 FOR 语句时,程序自动将初值赋值给循环变量,并和终值进行比较,判断循环变量的值是否超过终值,如果没有超过终值执行循环体语句序列,遇到 ENDFOR 或 NEXT 语句时,程序自动进行初值加步长值计算,然后将程序跳转回 FOR 语句,再一次进行上述循环控制条件的判断比较,当循环变量的值超过终值时,程序直接跳转到 ENDFOR 后面的语句执行。

【说明】 循环变量一定是数值型变量,初值与终值均可以是数值型的变量或常量。步长值用户可以自定义任意的数值常量,如果缺省[STEP 步长]选项,则步长值为 1。特殊情况下,作为倒序控制,步长值也可以设为负值,即初值开始就大于终值。例如,FOR X = 100 TO 50 STEP −5 的形式,循环变量初值为 100,每次循环尾自动加步长 −5,依次递减直到小于终值 50 结束循环。

【例 3-11】 编程求任意 10 个数中的最大数及最小数。

```
* 找出最大数和最小数
CLEAR
INPUT "请输入一个数: " TO x
STORE x TO ma,mi
FOR i = 2 TO 10
    INPUT "请输入一个数: " TO x
    IF ma < x
      ma = x
    ENDIF
 IF mi > x
    mi = x
ENDIF
ENDFOR
? "最大数是: ",ma
? "最小数是: ",mi
RETURN
```

运行结果如图 3-10 所示。

【例 3-12】 编程找出 100−999 之间的"水仙花数"。所谓"水仙花数"是指一个 3 位数,其各位数字的立方和等于该数本身(如 $153 = 1^3 + 5^3 + 3^3$)。

```
* 找 100 - 999 之间的"水仙花数"
CLEAR
FOR i = 100 TO 999
  a = INT(i/100)
  b = INT((i - 100 * a)/10)
  c = i - INT(i/10) * 10
```

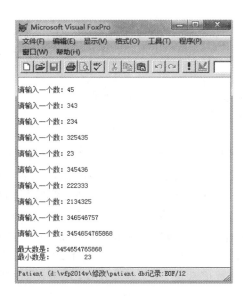

图 3-10   找最大最小数程序运行结果

```
   IF i = a^3 + b^3 + c^3
     ? " 水仙花数是: ",i
   ENDIF
ENDFOR
RETURN
```

运行结果如图 3-11 所示。

图 3-11   水仙花数程序运行结果

3. SCAN 数据表循环查询语句

【格式】   SCAN [范围] [FOR 条件 1] | [WHILE 条件 2]
           <循环体语句序列>
           ENDSCAN

【功能】   在当前数据表指定范围内查找满足条件的记录,若找到,则将指针指向该记录,然后执行循环体,到达 ENDSACN 语句时返回循环头,再次查找下一条符合条件的记录,直到无符合条件的记录时结束循环。如果选用 WHILE <条件 2>参数时,遇到一条不满足条件的记录,则停止循环。

【例 3-13】　用 SCAN 语句查询姓名为"孔健"的同学信息。

```
* 用 SCAN 语句查询定位记录在孔健上
CLEAR
USE XS
SCAN FOR 姓名 = "孔健"
  DISPLAY
ENDSCAN
USE
```

4. 循环结构与分支结构的正确嵌套关系

Visual FoxPro 的分支和循环语句都是由开头语句和结尾语句构成的分支或循环的语句控制结构。它们之间允许嵌套使用,但必须遵守各自头尾语句互不交叉的使用原则。下面给出了循环和分支语句正确嵌套使用的结构图,如图 3-12 所示。

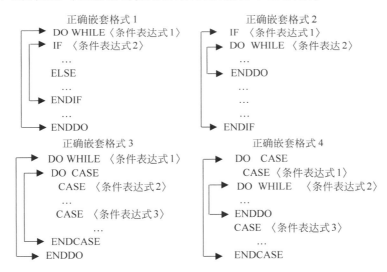

图 3-12　循环和分支语句正确嵌套使用的结构图

【例 3-14】　循环嵌套的练习举例:任意输入 5 个数后排序输出。

```
* 排序(降序)
CLEAR
DIME a(5)
FOR i = 1 TO 5
  INPUT "请输入第" + STR(i,2) + "个数:" TO a(i)
ENDFOR
FOR m = 1 TO 4
  FOR n = m + 1 TO 5
      IF A(m) < A(n)
          T = A(m)
```

```
            A(m) = A(n)
            A(n) = T
        ENDIF
    ENDFOR
ENDFOR
? "5个数的排序(降序)结果如下: "
FOR k = 1 TO 5
    ?a(k)
ENDFOR
```

运行结果如图 3-13 所示。

图 3-13　循环嵌套排序案例

3.3　模块化程序设计

　　Visual FoxPro 支持结构化的程序设计方法,允许将一些大系统结构按功能需求分解成一个个功能独立的单元或模块,这种模块式的程序称为外部过程或子程序。其是独立存储在磁盘上的 Visual FoxPro 程序文件,可以被主程序按需要反复调用,子程序或外部过程运行结束后,可将计算结果送回到主程序调用的断点处继续主程序的运行。

3.3.1　子程序的建立与调用

1. 子程序

子程序是一个独立的程序文件,扩展名为.prg。

2. 子程序的作用

　　(1) 编写一个完成一定功能的应用程序时,为了使程序结构清晰,便于设计、调试、修改和维护,常常采用模块化的程序设计方法。每个模块的功能由一个子程序来完成。

（2）在程序设计过程中，有时在同一程序文件的不同位置需要重复执行同一段程序，有时在不同的程序文件中也需要执行同一个程序段。常常把重复执行的这一段程序编写成子程序。

3．子程序的调用和返回

调用子程序的命令为：

【格式】 DO <子程序名称>

【功能】 控制程序转向子程序继续执行。

子程序返回调用程序的命令为：

【格式】 RETURN［TO MASTER/TO <子程序名称>］

【功能】 返回上一级程序中调用命令的下一条命令继续执行。

子程序嵌套结构示意图如图 3-14 所示。

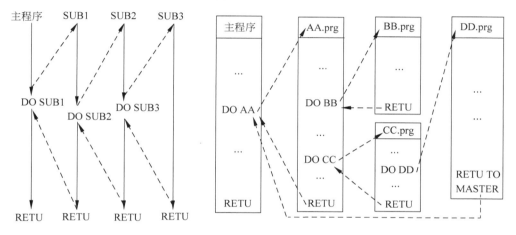

图 3-14 子程序嵌套结构示意图

3.3.2 过程的建立与调用

1．过程的概念

过程是为完成一定功能而设计的一组命令序列。在实际程序运行中需要调用的程序（过程）很多，这就有可能使打开的文件数超过系统允许打开的文件数限制，而且将导致磁盘目录过于庞大，使系统调用文件的速度降低。因而有必要将若干个过程按一定的规则放在一个文件中，这个文件称为过程文件。过程文件的建立方法与程序文件的建立方法相同，只是每个过程都有明确的首尾标识语句。

2．过程的建立

过程有内部过程与外部过程之分。内部过程一般放在主程序文件后面，或者单独建立一个过程文件（文件里放若干个内部过程）；而外部过程就是一般的程序文件（子程序）。建立内部过程的语句格式为：

【格式】　PROCEDURE <过程名>
　　　　　　　<命令序列>
　　　　　　　[RETURN [<表达式>]]
　　　　　　[ENDPROC ｜ ENDFUNC]

【说明】

- 内部过程名必须用字母开头,其中可以包含字母、数字、下画线。内部过程也可以用 RETURN 语句结束返回断点。
- 内部过程的第一条语句必须要用 PROCEDURE <过程名>命令,声明要使用的过程。
- 每对 PROCEDURE 与 RETURN 之间的命令序列称为内部过程。

3. 内部过程的调用与返回

【格式1】　DO<文件名>|<过程名>

【格式2】　<文件名>|<过程名>()

【说明】　格式2要求文件名或过程名后加一个空的小括号。注意,<文件名>后不能加扩展名。如调用文件名为 CX1.prg 的文件,其代码为 CX1()。

例如,程序文件名为 MAIN.prg,其中包含若干个内部过程,在本程序内部实现自身过程的调用与返回。

```
<语句序列>
DO 过程 1
<语句序列>
DO 过程 2
<语句序列>
    ...
PROCEDURE 过程 1
<语句序列>
RETURN
    ...
PROCEDURE 过程 N
    <语句序列>
RETURN
```

【例 3-15】　已知两个三角形的边长,编程求这两个三角形的面积之和。利用内部过程建立的程序文件如下。

```
CLEAR
a = 7
b = 8
c = 9
面积 = 0
DO PP1        && 调用内部过程
面积 1 = 面积
a = 17
b = 18
c = 19
```

```
DO PP1          && 调用内部过程
面积 2 = 面积
? "面积和是：",面积 1 + 面积 2
   PROCEDURE PP1
      s = (a + b + c)/2
      面积 = SQRT(s * (s - a) * (s - b) * (s - c))
   RETURN
```

注意：如果过程单独存放在一个过程文件里，调用这些过程时，必须首先打开此过程文件。

【格式3】 SET PROCEDURE TO [<过程文件1>[,<过程文件2>,…]] [< ADDITIVE>]

【说明】 可以打开一个或多个过程文件。如果打开一个过程文件，则该过程文件中的所有过程都可以被调用。如果选用 ADDTIVE 短语，则在打开过程文件时，不关闭原来已经打开的过程文件；否则当打开一个新的过程文件时，原来已经打开的过程文件将自动关闭。

4. 过程文件的关闭

【格式1】 CLOSE   PROCEDURE

【格式2】 SET   PROCEDURE TO

【说明】 过程文件运行结束时，应该用上述两种方式中的任何一个语句来关闭。上述语句将关闭所有打开的过程文件，可以使用下面语句关闭个别过程文件。

```
RELEASE PROCEDURE TO [<过程文件1>[, <过程文件2>, …]]
```

【例3-16】 利用过程文件完成例 3-15 题，求两个三角形面积之和。

首先建立主程序 MAIN.prg，将其存储在磁盘上。

```
CLEAR
SET PROCEDURE TO aaa           && 打开过程文件
a = 7
b = 8
c = 9
面积 = 0
DO pro                         && 调用过程
面积 1 = 面积
a = 17
b = 18
c = 19
DO pro                         && 调用过程
面积 2 = 面积
SET PROCEDURE TO
? "面积和是：",面积 1 + 面积 2
```

然后建立过程文件 aaa.prg，将其存储在磁盘上。

```
PROCEDURE pro
   s = (a + b + b)/2
   面积 = SQRT(s * (s - a) * (s - b) * (s - c))
RETURN
```

3.3.3　内存变量的作用域

内存变量的作用域是指在程序或过程调用中内存变量的有效范围。在 Visual FoxPro 中内存变量的类型有全局变量、私有变量和局部变量。

1. 全局变量的定义

【格式】　PUBLIC <内存变量表>

【功能】　定义全局变量。多于 2 个变量时,用逗号分隔。

【说明】　全局变量是指在程序的所有模块中都有效的变量。程序结束后,不会自动释放,只能用 RELEASE 或 CLEAR 命令释放。

例如,PUBLIC a,b,c,d

2. 私有变量的定义

在程序中直接使用并且由系统自动隐含建立的变量称为私有变量。私有变量通常用于过程中,其作用范围仅限于此过程中,外部程序无法作用到此类变量,而此类变量在进入此过程中才被定义,离开此过程后被释放。

【格式1】　PRIVATE <内存变量表>

【格式2】　PRIVATE ALL［LIKE | EXCE PT <通配符>］

【功能】　格式1可以直接定义私有变量,多于 2 个变量时,用逗号分隔。格式2可以用 ALL LIKE <通配符>声明所有与通配符匹配的变量,或用 ALL EXCEPT <通配符>声明所有与通配符不匹配的变量,定义内存中的某些变量为私有变量。

例如 PRIVATE　　x,y　　　　　　&& 将 x、y 二个变量变为私有变量。

　　　 PRIVATE　ALL　LIKE　a* && 定义内存中所有 a 字母开头的变量为私有变量。

【说明】　该命令并不建立内存变量,它主要是隐藏指定在上层模块中可能存在的内存变量,使这些变量在当前模块程序中暂时无效。

3. 局部变量的定义

未经过 PUBLIC 定义的内存变量均是局部变量。局部变量是指在当前程序中以及被当前程序调用的程序中有效的变量,程序结束后局部变量会自动释放。

【格式】　LOCAL <内存变量表>

用 LOCAL 创建的内存变量都是初始化为"假"(.F.),因为 LOCAL 和 LOCATE 前 4 个字母相同,所以此条命令动词不能缩写。

3.3.4　过程调用中的参数传递

Visual FoxPro 中调用过程文件中的过程,可以分为有参数过程和无参数过程。

1. 有参数过程中的形式参数定义

【格式】　PARAMETERS <参数表>

【说明】 该语句必须放在过程文件中的第一条语句位置。其中<参数表>中的参数称为形式参数,简称形参。形式参数是过程中的局部变量,主要是用来接收过程运算中产生的实际参数的值,形式参数可以用任何有效的内存变量名,如果有多个形式参数,可以用","逗号分开,且这些参数必须和过程中的实际参数(变量)相兼容,即个数相同、类型相同、位置相同。

2. 程序与被调用过程之间的参数传递

过程的调用方法和调用程序文件的方法相同,不同之处在于调用过程文件可以用WITH <传递参数表>实现主程序和过程之间的参数传递工作,且每个过程文件的结束行至少应包含一个 RETURN 返回语句,以便将控制权交回到主程序调用断点处的下一语句,继续运行。

【格式 1】 DO <文件名>|<过程名> WITH <实参>

【格式 2】 <文件名>|<过程名>(实参)

【说明】

- DO <过程名> WITH <参数表>中的参数为实际参数,简称实参。
- 格式 1 中如果实参是常量或一般形式的表达式,就按值传递;如果实参是变量,就按地址传递。如果实参是内存变量而又希望进行值的传递,则可以用圆括号把该内存变量括起来,这样可以强制该变量以值传递数据。
- 格式 2 的默认情况是按值传递,但是如果实参是变量,可以通过 SET UDFPARMS 进行设置。

SET UDFPARMS TO VALUE:按值传递。

SET UDFPARMS TO REFERENCE:按地址传递。

【例 3-17】 利用参数传递方法计算圆的面积。

主程序为 MYMAIN. prg。

```
* MYMAIN. prg
CLEAR
STORE 0 TO rr, area
DO WHILE .T.
INPUT " 请输入圆的半径: " TO rr
DO MYSUB WITH rr, area && 参数传递
    ? "圆的面积是: ", area
    WAIT "还要继续计算吗(Y/N)?" TO answer
    IF UPPER(answer) = "Y"
        LOOP
    ELSE
        EXIT
    ENDIF
ENDDO
```

子程序为 MYSUB. prg。

```
* MYSUB. prg
PARAMETERS r , s
S = PI( ) * R ^ 2
RETURN
```

【**例 3-18**】 编程求出阶乘后累加和的程序：A！＋B！＋C！＝?，设 A,B,C 为任意的一位整数，要求通过调用外部过程 JCDY.prg 文件完成计算，主程序名为 JCMAIN.prg。

```
NOTE 调用外部过程求阶乘的主程序,程序名为 JCMAIN.prg
SET PROCEDURE TO JCDY
PUBLIC x, t
t = 1
DO WHILE .T.
CLEAR
s = 0
FOR n = 1 TO 3
    DO CASE
        CASE n = 1
            q = "A"
        CASE n = 2
            q = "B"
        CASE n = 3
            q = "C"
    ENDCASE
INPUT "请输入 A! + B! + C!求和计算的" + q + "值?(1~9)" TO m
  x = m
  DO JCDY WITH x ,t
    k = t
    ? STR(x,1) + "的阶乘结果 =  " + STR(k,8)
    s = s + k
  NEXT
      ? "A! + B! + C!= " + ALLTRIM(STR(s,10))
      WAIT "是否继续运行 Y/N ? " TO j
      IF UPPER(j) = "Y"
          LOOP
      ELSE
          CLEAR
          ? "谢谢使用!"
          EXIT
      ENDIF
ENDDO
RETURN
```

下面是外部过程文件 JCDY.prg。

```
NOTE 求阶乘的过程文件,文件名为 JCDY.prg
PARAMETER x, t && 声明形式参数 x,t
SET TALK OFF
p = x
t = 1
FOR A = 1 TO P
  t = t * a
```

NEXT
RETURN

运行结果如图 3-15 所示。

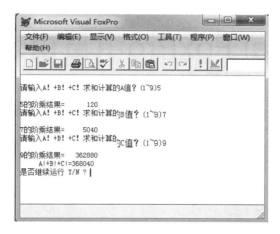

图 3-15　过程调用

本章小结

　　Visual FoxPro 程序设计基础的学习，对于掌握结构化、模块化面向过程的程序设计非常重要。本章要求熟练地使用顺序、分支、循环语句控制结构完成程序设计；通过子程序及过程的模块化程序设计思想解决实际应用问题。

第4章

Visual FoxPro中自由表的常规操作

导学

内容与要求

在 Visual FoxPro 中,表是用来存储数据的文件。表分为数据库表和自由表,本章主要介绍 Visual FoxPro 自由表的常规操作内容。本章中若提及自由表的项目管理器操作方法,请参照第 11 章 Visual FoxPro 项目管理器应用中的介绍。表包括表结构和表记录两部分。

表结构的常用操作主要包括创建与修改,表文件的常用操作为打开与关闭。要熟练掌握表结构及表文件常用的操作方法。

表记录是保存在表中的数据,要求熟练掌握表记录常用的操作:浏览、增加、删除、显示、定位、修改。

索引是从逻辑上对表中的记录重新整理,要求了解索引的分类、索引文件的常用操作,包括建立与打开、指定主控索引、使用索引快速定位。

熟练掌握 Visual FoxPro 中对多个表的常用操作:选择工作区、建立表间的临时关联、建立一对多关联。

重点、难点

本章的重点是表记录的基本操作、索引的创建与使用、多个表的操作方法。本章的难点是索引相关操作与多表操作。

Visual FoxPro 的命令通常由命令动词与控制子句构成,一般格式如下:

命令动词[范围][FIELDS <字段名表>][FOR<条件表达式>]

如显示记录命令的格式如下:

LIST [OFF] [范围] [FIELDS <字段名表>] [FOR <条件表达式>] [TO PRINTER|TO FILE <文件名>]

其中的符号用于提示选项的用法:[]中的项目为可选项,< >中的项目为必选项,|表示该符号两侧的项目只能保留一个。各子句功能说明详见具体命令。

4.1 表结构与表文件的常规操作

一个数据表由表结构和表记录两部分组成。表结构描述了数据保存的形式及存储的顺序。

4.1.1 表结构的创建与修改

1. 创建自由表

采用以下 3 种方法都可以打开"表设计器"对话框,如图 4-1 所示。在"表设计器"对话框中进行表结构创建。

(1) 使用项目管理器创建自由表。

(2) 未打开任何数据库时,执行"文件"|"新建"命令或单击"新建"按钮创建自由表。

(3) 未打开任何数据库时,在命令窗口中执行创建自由表命令。

【格式】　CREATE［路径］［<表文件名> ］

【功能】　创建一个表文件,同时打开该表文件。

【说明】　［路径］用来指定表文件的保存位置,若省略则保存在 Visual FoxPro 的默认路径中。可以使用菜单方式更改 Visual FoxPro 的默认目录,方法为:执行"工具"|"选项"命令,弹出如图 4-2 所示的"选项"对话框。在"文件位置"选项卡中,选择"默认目录"选项,单击"修改"按钮进行修改。

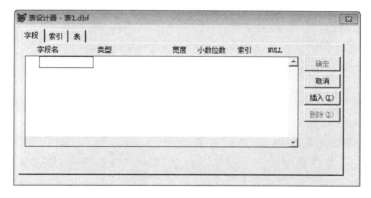

图 4-1 "表设计器"对话框

若省略<表文件名>子句,将弹出"创建"对话框提示用户输入表文件名和指定保存位置。

注意:本章用例中涉及到的文件均设定为已保存在默认目录中。

在完成表结构的设置后,单击"确定"按钮会弹出消息提示框,如图 4-3 所示。单击"是"按钮则可在记录输入窗口进行数据的录入;单击"否"按钮则关闭消息提示框。

2. 表结构中的概念与规定

(1) 字段名:即关系的属性名,可以通过字段名直接引用表中的数据。字段名命名规

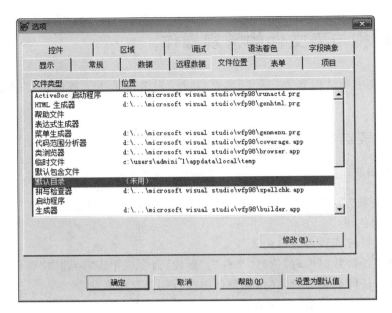

图 4-2　"选项"对话框

图 4-3　输入记录提示框

则如下：

- 必须以字母或汉字开头，可由字母、汉字、数字和下画线组成。
- 字母大、小写无区别，但其中不允许有空格。
- 自由表的字段名最多由 10 个英文字符组成。

（2）字段类型：字段类型决定了存储在该字段中的数据类型，通过宽度限制可以决定存储数据的长度和精度。在设置字段类型时先考虑数据类型和宽度，再设置字段类型、数据类型宽度。可选择的数据类型如表 4-1 所示。

表 4-1　字段类型

数 据 类 型	宽　度	说　明
字符型	用户自定义	汉字、字母、数字符号等各种字符型文本
货币型	8	存储货币值，默认保留 4 位小数
数值型	用户自定义	整数或小数，此时可在"小数位数"栏设置小数位
浮动型	用户自定义	类似于"数值型"，在存储格式上采用浮点格式
日期型	8	用于存储和表示日期，由年、月、日构成
日期时间型	8	由年、月、日、时、分、秒构成

数据类型	宽度	说明
双精度型	8	双精度数值类型,是较高精度的数值型数据
整型	4	不带小数的数值类型
逻辑型	1	值为"真"或"假"
备注型	4	用于存放较长的字符型数据
通用型	4	用于 OLE 对象链接与嵌入
字符型(二进制)	用户自定义	同"字符型",以二进制格式存储,当代码页更改时字符值不变
备注型(二进制)	4	同"备注型",以二进制格式存储,当代码页更改时备注不变

创建的表文件默认的扩展名为.dbf,若包含备注型或通用型字段则自动生成扩展名为.fpt 的备注文件,备注文件主文件名与表文件的主文件名相同。表文件中所有的备注型和通用型字段的值都保存在一个备注文件中。

(3) 字段宽度:字段所能容纳数据的最大字节数。在表设计器中选择"表"选项卡,可以看到表的总体信息。需要注意的是,记录长度应为所有字段宽度之和再加1。

(4) 小数位数:数值型数据保留的小数位数。此时的字段宽度=整数位数+1+小数位数。

(5) NULL 值(空值):表示是否允许该字段接受空值。NULL 值指没有值或无确定的值。

本章设计了 4 张数据表,模拟对学生进行信息进行管理,其结构定义如表 4-2~表 4-5 所示。

表 4-2　学生信息表 xs.dbf

字段名	字段类型	字段宽度(小数位)	字段名	字段类型	字段宽度(小数位)
xh	C	8	mz	C	10
xm	C	12	bj	C	2
xb	C	2	zp	G	4
csrq	D	8	jtzz	M	4

表 4-3　课程信息表 kc.dbf

字段名	字段类型	字段宽度(小数位)	字段名	字段类型	字段宽度(小数位)
kcdm	C	4	kss	N	2,0
kcmc	C	18	sfxx	L	1

表 4-4　成绩信息表 cj.dbf

字段名	字段类型	字段宽度(小数位)	字段名	字段类型	字段宽度(小数位)
xh	C	8	cj	N	3,0
kcdm	C	4	pj	C	2

表 4-5　学生就业信息表 xsjy.dbf

字段名	字段类型	字段宽度(小数位)	字段名	字段类型	字段宽度(小数位)
xh	C	8	dwszd	C	16
jylx	C	10	deszdqy	C	10
dw	C	30	jbgz	N	8,2
dwxz	C	12			

3．修改表结构

修改表结构首先要打开"表设计器"对话框。当自由表处于打开状态时,可以使用以下方法打开"表设计器"对话框。

（1）执行"显示"|"表设计器"命令。

（2）在命令窗口中执行命令打开。

【格式】　MODIFY STRUCTURE

【功能】　打开表设计器,用以显示并修改当前数据表的结构。

4.1.2　打开、关闭表文件

1．打开表文件

对表进行任何操作之前都要先将文件打开。打开表文件有以下 3 种方法。

（1）使用项目管理器打开。

（2）执行"文件"|"打开"命令或单击"打开"按钮通过"打开"对话框打开。

（3）在命令窗口中执行命令打开。

【格式】　USE［路径］［<表文件名>］

【功能】　打开指定路径下保存的指定表文件。

【说明】　若省略［路径］,则在 Visual FoxPro 默认目录下查找。

2．关闭表文件

如果已经打开了一个表,在打开另一表的同时会自动关闭当前打开的数据表,此外在命令窗口中执行下列各条命令均能关闭当前打开的表。

【格式 1】　USE

【功能】　仅关闭当前表及与该表相关的文件。

【格式 2】　CLEAR ALL

【功能】　关闭所有表,包括所有相关的索引,格式文件和备注文件,选择 1 号工作区(工作区的内容详见 4.4 多表操作),并且释放内存变量。

【格式 3】　CLOSE ALL

【功能】　关闭所有类型的文件。

【格式 4】　CLOSE DATABASE

【功能】　关闭所有打开的数据库文件、表文件、索引文件等。

【格式 5】　QUIT

【功能】 关闭所有文件,并退出 Visual FoxPro 系统。

4.2 表记录的基本操作

在 Visual FoxPro 中提供了关于表记录操作的方法,便于用户进行编辑、查询等管理。

4.2.1 浏览表

1. 打开浏览器

在 Visual FoxPro 中,浏览器采用二维表的形式显示自由表的记录。打开浏览器的方法有:

(1) 使用项目管理器打开。

(2) 执行"显示"|"浏览"命令打开。

(3) 在命令窗口中执行命令打开浏览器。

【格式】 BROWSE [FIELDS <字段名表>][FOR <条件表达式>]
　　　　 [NOMODIFY][NOAPPEND][NODELETE]

【功能】 打开浏览窗口显示数据,并供用户进行修改。

【说明】

- FIELDS:指定要浏览的字段,各字段名间用英文逗号分隔。缺省则浏览所有字段。
- FOR <条件表达式>:指定浏览条件。条件表达式返回值为逻辑型,返回值为真时相应记录被浏览。
- NOMODIFY:禁止修改记录。
- NOAPPEND:禁止追加记录。
- NODELETE:禁止删除记录。

注意:[FIELDS <字段名表>]、[FOR <条件表达式>]子句在 Visual FoxPro 的其他命令中经常出现,本书其他命令中若无特殊说明,其用法不变。

【例 4-1】 浏览 xs.dbf 中满族和回族学生的学号、姓名、民族信息。

```
USE xs
BROWSE FIELDS xh,xm,mz FOR mz = "满族".OR. mz = "回族"
```

运行结果显示如图 4-4 所示。

提示:在 Visual FoxPro 中,对表文件名及字段名的引用不区分大小写。例如表文中名为"xs.dbf",在浏览窗口的标题栏显示为"Xs.dbf",Visual FoxPro 自动将首字母显示为大写字母。后面章节对字段的引用也遵循此规则。

图 4-4　例 4-1 的运行结果

2. 在浏览器窗口操作表

(1) 浏览记录。可对记录进行上、下、左、右滚动翻页和定位,采用鼠标操作。也可使用

键盘上的快捷键操作：上一条记录↑键；下一条记录↓键；上一页 PgUp 键；下一页 PgDn
键；上一字段 Shift＋Tab 组合键；下一字段 Tab 键。

（2）追加空记录。执行"表"|"追加新记录"命令或按 Ctrl＋Y 组合键。

（3）修改记录。选择需要修改的内容直接录入新数据即可。

（4）删除记录。在 Visual FoxPro 中，表记录的删除分为逻辑删除和物理删除。逻辑删
除只添加删除标记，如果需要可以恢复；物理删除则不能恢复。光标定位到要删除的记录，
执行"表"|"删除记录"命令，即可对该记录打上删除标记，进行逻辑删除。执行"表"|"彻底
删除"命令，则将已经逻辑删除的记录进行物理删除。

（5）退出浏览器。使用 Ctrl＋W 组合键或 Esc 键即可关闭浏览器窗口。

4.2.2　增加记录

1．建立表结构时录入数据

当完成表结构的设计后，单击"表设计器"对话框中的"确定"按钮，将弹出"现在输入数
据记录吗"对话框。单击"是"按钮，则直接进入输入记录窗口。

2．使用命令追加记录

【格式 1】　APPEND

【功能】　打开记录编辑窗口，在表的末尾添加一条或多条新记录。

【格式 2】　APPEND BLANK

【功能】　在表末尾添加一条空记录。

【格式 3】　APPEND FROM <表文件名>[FIELDS <字段名表>][FOR <条件表达式>]

【功能】　从指定的表中读取满足条件的数据追加到当前表文件的末尾。追加时将来
源表的字段与当前表字段同名的进行追加。若[FIELDS <字段名表>]缺省则追加全部
字段。

3．使用命令插入记录

【格式】　INSERT［BEFORE］［BLANK］

【功能】　在当前表的当前记录之前或之后插入记录。

【说明】　省略 BEFORE 子句则在当前记录之后插入新记录，否则在当前记录前插入新
记录。若使用 BLANK 子句则插入的是一条空记录。

4.2.3　删除记录

1．逻辑删除记录

【格式】　DELETE［<范围>］[FOR <逻辑表达式>]

【功能】　对当前表中指定范围内满足条件的记录添加删除标记。

【说明】　当同时缺省<范围>和 FOR 子句时，仅逻辑删除当前记录。

【例 4-2】 逻辑删除 xs.dbf 中 1986 年 11 月之前出生的学生的信息。

```
USE xs
DELETE FOR csrq<{^1986/11/01}
BROWSE FIELDS xh,xm,csrq
```

运行结果如图 4-5 所示。

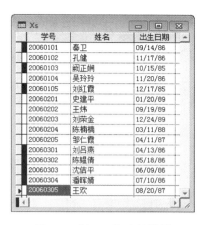

图 4-5 例 4-2 的运行结果

2. 恢复逻辑删除记录

【格式】 RECALL [<范围>][FOR <条件表达式>]

【功能】 去掉当前表中指定范围内满足条件的记录的删除标记。

【说明】 当同时缺省<范围>和 FOR 子句时,仅去掉当前记录的删除标记。

3. 物理删除记录

【格式】 PACK

【功能】 彻底删除当前表中所有带删除标记的记录。

4. 物理删除全部记录

【格式】 ZAP

【功能】 物理删除当前表文件中所有的记录。

4.2.4 显示记录

除了在浏览器窗口中显示数据外,也可以使用命令将数据显示在 Visual FoxPro 主窗口中。

【格式】 LIST | DISPLAY [OFF][范围][FIELDS <字段名表>][FOR <条件表达式>][TO PRINTER|TO FILE <文件名>]

【功能】 显示满足条件的各个记录的相关内容。

【说明】

- 使用 OFF 时,不显示记录号,否则显示记录号。
- 范围:为可选项,可以是 ALL、RECORD N、NEXT N、REST 中任意一个。ALL 表示范围为所有记录,RECORD N 表示范围为第 N 条记录,NEXT N 表示范围为从当前记录开始的 N 条记录,REST 表示范围为当前记录开始之后的所有记录。缺省时为浏览所有记录。
- FIELDS、范围和 FOR 子句的使用方法与 BROWSE 命令相同。
- TO PRINTER|TO FILE <文件名>:将结果输出到打印机或输出到文件。
- 当同时缺省[范围]和 FOR 子句时,LIST 命令默认显示全部记录,而 DISPLAY 命令默认显示当前记录。

4.2.5 定位记录指针

在 Visual FoxPro 中,记录号用于标识记录在表文件中的物理顺序。记录指针指示的是当前的记录号。当表文件刚打开时,其记录指针指向第一条记录。

定位记录指针就是将记录指针移动到目标记录上,记录指针指向的记录称为当前记录。

1．记录指针的绝对移动

【格式】 ［GO｜GOTO］<数值表达式>

【功能】 将记录指针定位到记录号与<数值表达式>值相同的记录上。

2．记录指针的相对移动

相对移动与是否打开索引文件有关。如果打开了索引,则记录指针移动顺序按索引文件中的顺序,否则按记录号顺序移动。

【格式1】 GO｜GOTO < TOP｜BOTTOM >

【功能】 移动记录指针到表文件的首记录或尾记录。

【说明】 使用 TOP 子句,记录指针定位到首记录;使用 BOTTOM 子句,记录指针定位到最后一条记录。

【格式2】 SKIP［<数值表达式>］

【功能】 记录指针从当前记录开始向前或向后移动。

【说明】 <数值表达式>值为负数时,表示向前移动;为正数时,表示向后移动;缺省时,表示向后移动一个记录。

3．根据条件定位记录指针

【格式】 LOCATE FOR <条件表达式>[<范围>]

【功能】 在表中指定范围内查找满足条件的第一条记录。

【说明】 若找到满足条件的第一条记录,则将记录指针指向该记录,此时 FOUND()函数返回值为真。否则,记录指针指向<范围>的底部,此时 FOUND()函数返回值为假。若<范围>为 ALL,记录指针则指向文件结束标识。

若继续查找满足该条件的下一条记录,可使用 CONTINUE 命令,CONTINUE 命令必须在 LOCATE 命令之后使用。

【例4-3】 记录指针定位命令的用法。

```
USE xs
?RECNO()                    && 刚打开表时记录指针指向第一条记录
SKIP 3
? RECNO()                   && 系统主窗口显示 4
SKIP − 5
? RECNO()                   && 系统主窗口显示 1
?BOF()                      && 系统主窗口显示.T.
GO BOTTOM
```

```
?RECNO( )                       && 系统主窗口显示值与记录个数相同
?EOF( )                         && 系统主窗口显示.F.

LOCATE FOR mz = "回族"
DISPLAY                         && 系统主窗口显示第一个回族学生信息
CONTINUE
DISPLAY                         && 若表中存在其他回族学生,系统主窗口显示第二个回族学生信息
USE
```

4.2.6　修改记录

1．编辑修改

【格式】　EDIT | CHANGE [FIELDS <字段名表>][<范围>][FOR <条件表达式>]

【功能】　编辑修改当前表文件中指定的范围内满足条件
的记录。执行该命令后系统打开如图 4-6 所示的编辑窗口,
修改字段的方法与输入记录字段的方法相同。

2．替换修改

【格式】　REPLACE <字段名 1> WITH <表达式 1>[,<
字段名 2> WITH <表达式 2>]… [<范围>][FOR <条件表
达式>]

图 4-6　编辑修改记录窗口

【功能】　用指定表达式的值替换修改当前表中满足条件
记录的指定字段的值。

【说明】　可同时替换若干个字段的内容。

- 用<表达式 N>的值替换<字段名 N>中的数据,<表达式 N>和<字段名 N>中的数据
  类型必须相同。
- 若同时缺省<范围>和 FOR 子句,则只对当前记录进行替换修改。

【例 4-4】　在 kc.dbf 中追加一个课程的信息:kcdm 值为"0505",kcmc 值为"无机
化学"。

```
USE kc
APPEND BLANK
REPLACE kcdm WITH "0505", kcmc WITH "无机化学"
```

4.3　索引

索引是从逻辑上对表中的记录进行重新整理,这样不会产生大量的数据冗余。因而,在
实际应用中经常采用索引来提高查询效率。

4.3.1　索引的基本概念

索引是以索引文件的形式存在的,它是根据指定的关键字表达式建立起来的,是索引关键字与记录号之间的对照表。索引文件必须与对应的表文件一起使用,打开索引文件时会改变表中记录的逻辑顺序,但不会影响到记录的物理顺序。

1.按文件类型分类

1)单索引文件

单索引文件中仅包含一个索引,文件的扩展名为.idx。

2)复合索引文件

复合索引文件中允许包含多个索引,每个索引都有一个索引标识名,文件的扩展名为.cdx。这种索引以压缩形式存储,可以减小存储空间。

复合索引文件又分为两种:结构化复合索引文件和非结构化复合索引文件。

结构化复合索引文件是由 Visual FoxPro 自动命名的,主文件名与表文件的主文件名相同。结构化复合索引文件与表文件同步打开和关闭。

非结构化复合索引文件的文件名由用户指定,必须使用命令对其进行打开或关闭。

一个数据表文件可以建立多个索引文件,也可以同时打开多个索引文件,但在同一时间内只有一个索引起作用,这个索引被称为主控索引。

2.按功能分类

不同类型的索引对关键字值的重复性等方面的要求和限制也不同,各自的异同如表 4-6 所示。

表 4-6　索引类型

索引类型	索引关键字值重复性	表　类　型	索引个数	说　　明
主索引	不允许	数据库表	仅一个	可用于在永久关系中建立参照完整性,详情请查看第 5 章 Visual FoxPro 数据库与数据库表操作相关内容
候选索引	不允许	数据库表和自由表	允许多个	可用做主关键字,可用于在永久关系中建立参照完整性
唯一索引	允许,但索引中无重复	数据库表和自由表	允许多个	对于关键字值相同的记录,索引中只保留该值的第一个记录
普通索引	允许	数据库表和自由表	允许多个	在多表操作中可以作为一对多关系中的"多方"

通常,用表的主关键字段作为主索引的索引关键字;除主关键字外表中值不重复的字段用作候选索引的索引关键字;唯一索引可用于一些特殊的程序设计;普通索引仅用于提高查询速度。

4.3.2 建立索引文件

1. 使用表设计器建立、修改结构化复合索引

使用表设计器建立或修改结构化复合索引的方法如下。

（1）在"表设计器"对话框的"字段"选项卡中建立或修改索引。选择要建立或修改索引的字段，在"索引"下拉列表框中选择"升序"或"降序"选项，如图 4-7 所示。

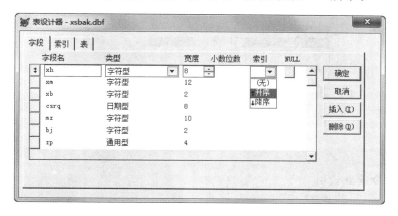

图 4-7 "字段"选项卡

（2）在"表设计器"对话框的"索引"选项卡中建立或修改索引。可以设置升序或降序、索引标识名、索引类型、索引关键字表达式和筛选条件，如图 4-8 所示。

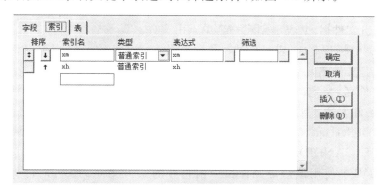

图 4-8 "索引"选项卡

可以在"表达式"文本框中直接输入索引关键字表达式，单击"表达式"文本框右侧的按钮，可以弹出"表达式生成器"对话框进行编辑，如图 4-9 所示。

索引关键字表达式可以是单个字段名，也可以是多个字段的字符型表达式。若表达式中包含的字段类型不同，一般将其均转换为字符型再用加号连接。

单击"确定"按钮，完成结构化复合索引文件中索引标识的建立或修改并关闭表设计器。

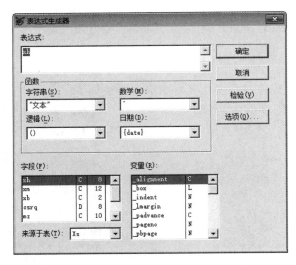

图 4-9　"表达式生成器"对话框

2．使用命令建立索引

【格式】　INDEX ON <索引关键字表达式> TO <索引文件名>| TAG <索引标识名>
[OF <索引文件名>][FOR <条件表达式>][ASCENDING|DESCENDING] [ADDITIVE]
[UNIQUE|CANDIDATE]

【功能】　对当前表文件按指定的关键字表达式建索引。

【说明】

- TO <索引文件名>：表示创建一个单索引文件。
- TAG <索引标识名>：表示创建一个结构化复合索引文件的索引标识。
- OF <索引文件名>：表示创建一个非结构化复合索引文件的索引标识，保存到 OF <索引文件名>指定的非结构化复合索引文件中。
- FOR <条件表达式>：指定筛选条件,只对满足条件的记录进行索引。
- ASCENDING|DESCENDING：指定按照升序还是降序建立索引,缺省时为升序。
- UNIQUE|CANDIDATE：指定建立唯一索引或候选索引。缺省时为普通索引。
- ADDITIVE：使用该短语则保留以前打开的索引文件。缺省时仅保留结构复合索引文件,其他索引文件都将被关闭。

【例 4-5】　在 xs.dbf 的结构复合索引文件中按照姓名的升序追加索引标识,索引类型为唯一索引。

```
USE xs
INDEX ON xm TAG xm UNIQUE
MODIFY STRUCTURE
```

xs.dbf 的"表设计器"对话框"索引"选项卡如图 4-10 所示的结果。

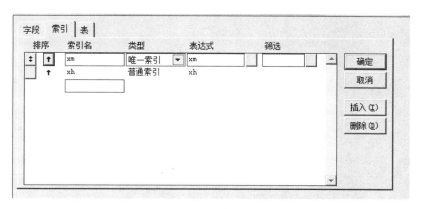

图 4-10　例 4-5"索引"选项卡

4.3.3　打开索引文件

索引文件必须打开之后才能使用。结构化复合索引文在表打开的同时自动打开,而单索引文件和非结构化复合索引文件则不行。

【格式】　SET INDEX TO <索引文件名>

【功能】　在已打开表文件的前提下,打开指定的索引文件。

4.3.4　指定主控索引

对于一个表,可以同时打开多个索引文件,但某一时刻只能由一个索引为主控索引,由其确定表记录的访问和显示顺序。

【格式】　SET ORDER TO <索引序号>|<单索引文件名>|[[TAG] <索引标识名>]
　　　　　[ASCENDING|DESCENDING]]

【功能】　指定主控索引。

【说明】

- <索引序号>:打开的单索引文件或复合索引文件的索引标识都有一个唯一的编号,编号从 1 开始。若<索引序号>值为 0,则不设定主控索引。
- <单索引文件名>:将指定的单索引文件设置为主控索引。
- [TAG] <索引标识名>:将指定的结构化复合索引文件中的标识设置为主控索引。
- ASCENDING | DESCENDING 用来强制主索引以升序或降序索引,缺省时,主控索引将按原来的顺序打开。
- 所有子句都缺省时,表示无主控索引,记录按照物理顺序被访问和显示。

【例 4-6】　打开 xs.dbf,先后将 xm 和 csrq 索引设置为主控索引,并浏览记录。

```
USE xs
SET ORDER TO TAG xm
BROWSE FIELD xh,xm,xb
SET ORDER TO TAG csrq
BROWSE FIELD xh,xm,xb
```

```
SET ORDER TO
BROWSE FIELD xh,xm,xb
```

三次浏览窗口内容如图 4-11 所示。

(a) 以xm升序索引   (b) 以xh升序索引   (c) 以物理顺序排列

图 4-11   例 4-6 三次浏览窗口内容

4.3.5 使用索引快速定位

若打开了索引文件除了可以用 LOCATE 命令进行查找外,还可以用 SEEK 命令进行快速查询定位。

1. 按照当前主索引定位

【格式】   SEEK <表达式>

【功能】   在表文件和有关索引文件打开的情况下,将记录指针定位到索引关键字值与所指定的<表达式>的值相匹配的第一条记录。

2. 指定主索引定位

【格式】   SEEK <表达式>[ORDER 索引序号|[TAG] <索引标识名>][ASCENDING|DESCENDING]

【功能】   按照 ORDER 子句指定的主索引进行快速定位。子句的使用方法与 SET ORDER TO 中的子句用法相同。

【例 4-7】   查找并显示 xs.dbf 中 xh 值为"20160203"的学生的 xh、xm 信息。

```
USE xs
SEEK "20160203"
```

此时,由于没有指定主索引,系统弹出提示框,如图 4-12 所示。

```
SEEK "20160203" ORDER TAG xh
DISPLAY xh,xm
```

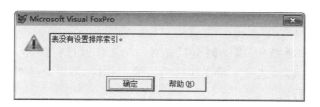

图 4-12　未设置索引提示框

系统主窗口显示如图 4-13 所示。

图 4-13　例 4-7 运行结果

4.4　多表操作

在 Visual FoxPro 中,允许用户打开多个表文件,同时在多个表之间进行数据传递等操作。

4.4.1　工作区与多个表

1. 工作区和当前工作区

工作区是 Visual FoxPro 在内存中开辟的一块存储区域,用于存放打开的表。每个工作区仅能打开一个表文件,若需要同时打开多个表,则可以在不同的工作区中打开不同的表。

1) 工作区的系统别名

Visual FoxPro 系统最多能同时使用 32 767 个工作区,这些工作区的区号分别用 1～32 767 表示。系统为每个工作区规定了一个工作区别名。对应于 1～10 号工作区,它们的工作区别名分别为 A～J。对应于 11～32 767 号工作区,它们的工作区别名分别为 W11～W32 767。

2) 工作区的用户别名

当执行命令 USE <表文件名>后,系统默认该表的主文件名就是打开表的工作区的别名。如果用户为工作区自定义一个别名,可使用下面的命令。

【格式】　USE <表文件名>[ALIAS<别名>]

若使用了 ALIAS 子句,打开表的工作区的别名就是<别名>。此时系统不会将表的主文件名作为工作区的别名。<别名>的命名规则与文件名的命名规则相同。

2. 选择工作区

在 Visual FoxPro 系统中，某一时刻只能对一个工作区进行操作，这个工作区称为当前工作区。系统启动后，自动选择 1 号工作区为当前工作区，所以之前对表文件的所有操作都是在 1 号工作区中进行的。

【格式】 SELECT <工作区号>|<工作区别名>

【功能】 选择一个工作区作为当前工作区。

【说明】

* 如果工作区号指定为 0，则表示选择当前未使用过的编号最小的工作区。
* 可以使用 SELECT()函数来测定当前工作区号。

【例 4-8】 在 1 号工作区和 2 号工作区内分别打开 xs.dbf 和 cj.dbf，并选择打开 xs.dbf 所在的工作区为当前工作区。

```
SELECT 1                    && 选择 1 号工作区为当前工作区
USE xs ALIAS 学生信息
SELECT 2                    && 选择 2 号工作区为当前工作区
USE cj
SELECT xs
```

此时，由于已经为 xs.dbf 指定了别名为"学生信息"，工作区的别名就不是表名了，系统弹出提示框，如图 4-14 所示。

图 4-14　找不到别名提示框

此时，正确的命令应该是：

```
SELECT 学生信息
```

3. 非当前工作区字段的引用

在当前表文件进行操作时，可以访问其他工作区的表文件内容，但不影响其他工作区表文件的数据。

【格式】 工作区别名—><字段名>或

　　　　　工作区别名.<字段名>

在命令中也可以通过 IN 子句指定要引用的工作区号、表名或表别名。

【格式】 IN <工作区号>|<表名>|<表别名>

4.4.2　表间的临时关联

所谓关联，是把工作区中打开的表与另一个工作区中打开的表的记录指针之间建立一种临时的联动关系。两个表建立关联后，当前工作区中的表记录指针移动时，另一个工作区的表记录指针将自动移动到相应的记录。此时把当前工作区中的表称为主动表，而其他的表则称为被动表。

1. 创建表间的一对一临时关联

【格式】 SET RELATION TO <关联表达式>|<数值表达式>[INTO <别名>|<工作区号>][ADDITIVE]

【功能】 将当前工作区的表文件与<别名>(或工作区号)指定工作区中的表文件之间建立关联。

【说明】

- 若按〈关联表达式〉建立关联，要求被动表文件已按关键字段建立了索引，并且必须将该索引指定为主控索引，那么两个表以公共字段为索引建立关联。
- 若按<数值表达式>建立关联，两个表按照记录号关联，被动表不需要打开索引文件。
- ADDITIVE：表示保留当前表与其他工作区中的表已有的关联，实现一个表与多个表之间的关联；否则撤销当前表与其他工作区表的已有关联。
- SET RELATION TO：表示取消当前工作区与其他工作区的关联。

2. 取消表间的关联

取消表间的关联可以采用以下 3 种方法。

(1) 命令 SET RELATION TO，取消当前表与其他表之间的所有关联。

(2) 命令 SET RELATION OFF INTO <别名>|<工作区号>，取消当前表与别名表之间的关联。

(3) 关闭表文件，关联都被取消，下次打开时，必须重新建立。

【例 4-9】 将 xs.dbf 和 cj.dbf 以学号为关键字段建立一对一关联，并浏览。

```
SELECT 1
USE xs ALIAS 学生信息
SELECT 0
USE cj
SET ORDER TO TAG xh
SELECT 1
SET RELATION TO xh INTO B
BROWSE FIELDS xh,xm,B.kcdm,B.cj
```

运行结果如图 4-15 所示。

cj.dbf 中存在多条记录的学号与 xs.dbf 中的相应记录对应，而从运行结果可以看出，建立一对一关联后，只是第一条对应记录会被关联。例如，学号为“20060101”的学生在 cj.dbf 中存在 4 条相关记录，但关联后仅显示了第一条 kcdm 为“0501”的记录信息。

要解决这个问题可在建立一对一关联后，再进一步建立一对多关联。

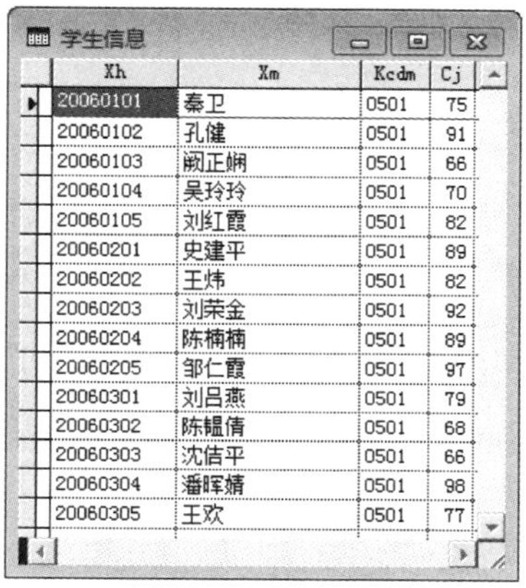

Xh	Xm	Kcdm	Cj
20060101	秦卫	0501	75
20060102	孔健	0501	91
20060103	阙正娴	0501	66
20060104	吴玲玲	0501	70
20060105	刘红霞	0501	82
20060201	史建平	0501	89
20060202	王炜	0501	82
20060203	刘荣金	0501	92
20060204	陈楠楠	0501	89
20060205	邹仁霞	0501	97
20060301	刘吕燕	0501	79
20060302	陈韫倩	0501	68
20060303	沈信平	0501	66
20060304	潘晖婧	0501	98
20060305	王欢	0501	77

图 4-15 例 4-9 运行结果

3．表间的一对多关联

【格式】　SET SKIP TO <别名>

【功能】　建立当前工作区的表文件与<别名>指定工作区中的表文件之间的一对多关联。

【说明】　建立一对多关联的前提是先建立一对一关联。

【例 4-10】　将 xs.dbf 和 cj.dbf 以学号为关键字段建立一对多关联，并显示。

```
SELECT 1
USE xs ALIAS 学生信息
SELECT 0
USE cj
SET ORDER TO TAG xh
SELECT 1
SET RELATION TO xh INTO B
SET SKIP TO B
DISP ALL FIELDS xh,xm,B.kcdm,B.cj
```

运行结果如图 4-16 所示。

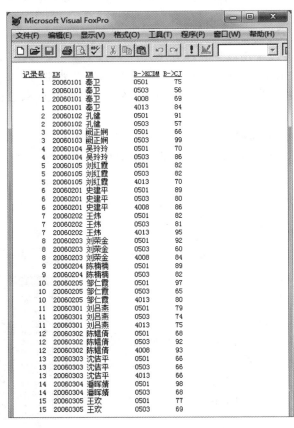

图 4-16　例 4-10 运行结果

本章小结

本章着重讲解了在 Visual FoxPro 中自由表的操作和管理方法。本章需要重点掌握表记录的操作命令,熟练掌握各子句的使用方法。而索引和多表操作更是本章的重点与难点,需要进行大量的练习才能够完全理解。

第5章 Visual FoxPro中数据库与数据库表的操作

导学

内容与要求

数据库是按照数据结构来组织、存储和管理数据的仓库,它产生于距今60多年前,随着信息技术和市场的发展,特别是20世纪90年代以后,数据管理不再仅仅是存储和管理数据,而转变成用户所需要的各种数据管理的方式。

数据库的基本操作中介绍了与数据库相关的各种基本操作,要求熟练掌握数据库的建立、打开、关闭、删除及修改等操作。

数据库表的基本操作中介绍了与数据库表相关的各种基本操作及记录有效性的设置方法,要求熟练掌握数据库表设计器的使用。

数据库表间的关联与数据完整性中介绍了为多个数据库表建立永久关联,要求掌握数据库表索引和关联的建立方法以及数据完整性的设置方法。

重点、难点

本章的重点是熟练掌握数据库的基本操作及建立永久关联。本章的难点是数据库记录有效性及数据完整性的设置方法。

数据库是构成数据库管理系统的基本单元。数据库可以包含一个或多个表、视图和存储过程等。数据库是一个框架,数据库表是其实质内容,数据库表是数据库最重要的组成部分之一。

5.1 数据库的基本操作

数据库是按照数据结构来组织、存储和管理数据的仓库。数据库具有能为多个用户共享、减少数据的冗余度等特点,是与应用程序彼此独立的数据集合。

本章使用的表包括 xs.dbf,cj.dbf 和 xsjy.dbf。

5.1.1 数据库的建立、打开与关闭

1. 建立数据库

1) 命令方式

【格式】 CREATE DATABASE [<数据库文件名>]

【功能】 建立一个数据库文件,同时打开该数据库。

【说明】 <数据库文件名>可以包括盘符和路径名,此时将按指定的磁盘和文件路径保存为数据库文件。数据库文件的扩展名为.dbc。建立数据库文件的同时也自动建立相关联的数据库备注文件,扩展名为.dct,关联的索引文件扩展名为.dcx。

【例5-1】 创建数据库"数据1",同时打开该数据库。

CREATE DATABASE 数据 1

2) 菜单方式

执行"文件"|"新建"命令,在弹出的"新建"对话框中选择"数据库"单选按钮,单击"新建文件"按钮,弹出"创建"对话框,确定需要建立数据库的路径和数据库文件名,单击"保存"按钮后,打开数据库的同时将打开如图5-1所示的数据库设计器。

图 5-1 数据库设计器

2. 打开数据库

1) 命令方式

【格式】 OPEN DATABASE [<数据库文件名>]

【功能】 打开磁盘上指定的数据库文件。

【说明】 打开一个数据库文件的同时,与其同名的.dct(数据库备份文件)与.dcx(索引文件)也一起被打开。

数据库打开后,在"常用"工具栏中可以看见当前正在使用的数据库名,同时当数据库设计器为当前窗口时,系统菜单上出现"数据库"菜单项。

2) 菜单方式

执行"文件"|"打开"命令,在弹出的"打开"对话框中选择文件类型为"数据库",选择数据库文件所在的文件夹。选中要打开的数据库文件,单击"确定"按钮即可打开该数据库文件。这种方式在打开数据库的同时,也可以修改数据库。

3．关闭数据库

1）命令方式

【格式】　CLOSE DATABASE

【功能】　关闭当前打开的数据库及其包含的所有文件。

2）使用项目管理器

打开已建立的项目文件，出现项目管理器窗口，选择"数据"选项卡，选择"数据库"下需要关闭的数据库名，然后单击"关闭"按钮，则在"常用"工具栏上的"当前数据库"下拉列表框中该数据库名消失。同时在项目管理器中"关闭"按钮变成"打开"按钮。

5.1.2　数据库的修改与删除

1．修改数据库

1）命令方式

【格式】　MODIFY DATABASE

【功能】　修改当前打开的数据库文件。

【说明】　执行该命令后系统将打开数据库设计器，修改数据库。

2）菜单方式

用菜单方式打开数据库的同时就打开了数据库设计器，可以对数据库进行修改。

2．删除数据库

1）命令方式

【格式】　DELETE DATABASE［<数据库文件名>］

【功能】　从磁盘上删除一个数据库文件。

【说明】　Visual FoxPro 的数据库文件并不真正含有数据库表或其他数据库对象，只是在数据库文件中保存了相关的条目信息，表或其他数据库对象是独立存放在磁盘上的。数据库中的表在数据库中被删除后成为自由表。在删除数据库时该数据库必须处于关闭状态。

2）使用项目管理器

打开已建立的项目文件，弹出项目管理器窗口，选择"数据"选项卡，选择要删除的"数据库"，然后单击"移去"按钮，弹出如图 5-2 所示的对话框，若单击"移去"按钮则仅将数据库从项目中移去，若单击"删除"按钮将数据库从磁盘上删除。

图 5-2　"删除数据库"对话框

5.2 数据库表的操作

数据库表是数据库的基本组成部分,是处理数据和建立关系型数据库及应用程序的基本单元。Visual FoxPro 的表分为两种:从属于某个数据库的数据库表和不从属于数据库的自由表。如果建立表时数据库是打开的,则建立的表为当前数据库的数据库表,否则建立的是自由表。两者的大多数操作相同且可以相互转换。但当一个表是数据库表时,它就可以具有以下特性。

- 长表名和表中的长字段名。
- 表中字段的标题和注释。
- 默认值、输入掩码和表中字段格式化。
- 字段级规则和记录级规则。
- 表字段的默认控件类。
- 支持参照完整性的主关键字索引和表间关系。
- INSERT、UPDATE 或 DELETE 事件的触发器。

5.2.1 创建数据库表

数据库表的建立与自由表的建立方法基本相同,需要注意的是,建立数据库表之前要打开从属的数据库。

1. 用命令方式建立数据库表

操作步骤如下。

(1) 首先打开数据库,在命令窗口中输入"OPEN DATABASE 数据 1",打开数据库。

(2) 在命令窗口中输入"CREATE 表 1"后按 Enter 键,弹出"表设计器"对话框,设置字段名、类型、宽度等属性,如图 5-3 所示。

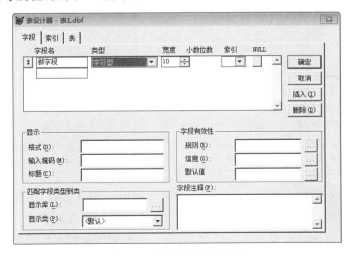

图 5-3 "表设计器"对话框

2．用快捷菜单建立数据库表

操作步骤如下。

（1）用菜单方式打开数据库。

（2）在数据库设计器内空白处右击，在弹出的快捷菜单中执行"新建表"命令。

（3）在"新建表"对话框中单击"新建表"按钮。

（4）选择保存路径和表文件名，单击"确定"按钮，弹出"表设计器"对话框，设置字段名、类型、宽度等属性。

5.2.2　数据库表设计器的使用

数据库表的"表设计器"对话框中包含"字段"、"索引"、"表"3个选项卡。

1．"字段"选项卡

适用于建立表结构，确定表中每个字段的字段名、字段类型、字段宽度和小数位等。与自由表不同的是，"字段"选项卡下面还有显示、字段有效性等属性。

（1）格式：控制字段在浏览窗口、表单、报表等显示时的样式，它决定了字段的显示风格。格式字符及功能如表 5-1 所示。

表 5-1　字段的显示格式字符

字符	功　　能	字符	功　　能
A	字母字符，不允许空格和标点符号	R	显示文本框的格式掩码，但不保存到字段中
D	使用当前的 SET DATA 格式	T	删除前导空格和结尾空格
E	英国日期格式	！	字母字符转换成大写
K	光标移至该字段选择所有内容	M	使用 Space 键循环选择固定的字段内容
L	用 0 代替数值前面的空格	$	显示货币符号

（2）输入掩码：控制输入字符的数据格式，屏蔽非法内容的输入，从而减少人为的数据输入错误，保证输入的字段数据具有统一的风格，提高输入的效率。掩码字符及功能如表 5-2 所示。

表 5-2　掩码字符及功能

字符	功　　能	字符	功　　能
X	允许输出任意字符	＊	左侧显示 ＊
9	数字字符和＋ －号	．	指定小数点位置
＃	数字字符，＋ －号和空格	，	用逗号分隔整数部分
$	指定位置显示货币符号	$ $	货币符号与数字不分开显示

（3）标题：虽然在数据库表中允许字段名最多使用 128 个字符，即长字段名，但使用时可能会很不方便。所以当表结构中字段名用的是英文时，可以在标题中输入汉字，这样显示该字段值时就比较直观。若没有设置标题，则将表结构中的字段名作为字段的标题。

（4）字段注释：在数据库表中可以为每个字段加上一些详细的注解，或一些说明性的文字,使得数据表更容易理解,也便于日后对数据表进行维护。

【例5-2】 创建数据库"学生库.dbc",将自由表 xs.dbf 添加进该数据库,设置 xs.dbf 的字段显示属性,用户能够使用 Space 键在性别字段中循环选择"男,女"中的任一个值作为学生的性别。

操作步骤如下。

(1)创建数据库"学生库.dbc",添加 xs.dbf,打开 xs.dbf 表设计器,选择"字段"选项卡,选中 xb 字段,在"显示"属性的下方的"格式"右侧输入:m,在"输入掩码"右侧输入:男,女。

(2)在"显示"属性的下方的"标题"右侧输入 xb 字段的中文名:性别。结果如图5-4所示。

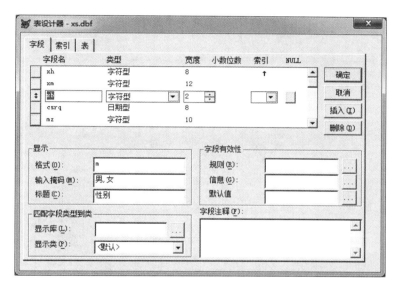

图 5-4 字段显示属性的设置

(3)单击"确定"按钮。执行"显示"|"浏览'xs'"命令,光标定位到 xb 字段,按 Space 键可以在性别字段中循环选择"男,女"中的一个值作为学生的性别。

2."索引"选项卡

用于创建结构复合索引。与自由表只有3种索引类型不同,数据库表有4种索引类型,增加了一个"主索引"。

只有数据库表才能建立主索引,每一个数据库表只能建立一个主索引。此外,只能由主关键字段来建立主索引,主关键字段的特点是不允许出现重复,也不能设置为空值(NULL),如图5-5所示。

【例5-3】 为数据库表 xs.dbf 按 xh 升序建立主索引。

操作步骤如下。

(1)打开 xs.dbf。

(2)为 xh 字段添加升序索引,如图5-6所示。

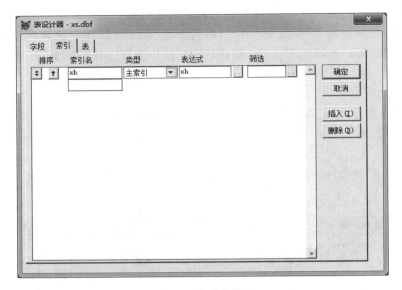

图 5-5　索引的设置

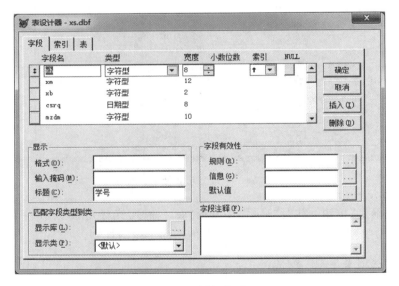

图 5-6　添加索引

（3）在"索引名"下方的文本框中输入索引名，例如"学号"（也可以是 xh 等），在"类型"下拉列表框中选择"主索引"。

（4）单击"表达式"右侧带省略号的生成器按钮，弹出"表达式生成器"对话框，在"表达式生成器"对话框的"表达式"文本框中输入索引表达式。输入表达式时，可以通过在"字段"列表框中双击所需要的字段，如 xh，如图 5-7 所示。

（5）单击"确定"按钮，完成表达式的输入，返回"表设计器"对话框中。

（6）再单击"确定"按钮。在使用时需将设置好的 xh 索引指定为主控索引，才能看到索引后的结果。

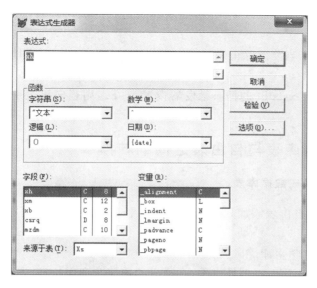

图 5-7　设置"表达式生成器"对话框

3."表"选项卡

在"表"选项卡中,可以看到数据库及数据库表的相关信息,并对表的记录属性进行描述,能通过记录有效性和触发器控制记录数据,如图 5-8 所示。

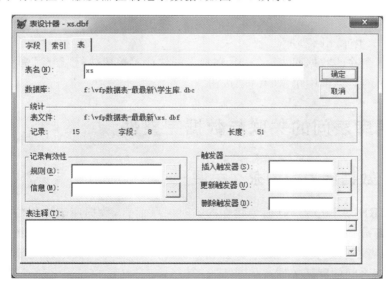

图 5-8　"表"选项卡

其中,触发器是指在数据库表中对记录进行插入、更新、删除等操作时,系统对触发器设置的条件表达式进行验证,若其值为真(.T.),则允许进行相关操作,否则拒绝操作。

（1）插入触发器：当向表中插入或追加记录时,判断其表达式的值,为"真"时允许插入或追加,为"假"时不允许插入或追加。

（2）更新触发器：当要修改记录时，判断其表达式的值，为"真"时允许修改，为"假"时不允许修改。

（3）删除触发器：当要删除记录时，判断其表达式的值，为"真"时允许删除，为"假"时不允许删除。

例如，对数据库表xs.dbf的插入触发器设置为.F.，则当向该表中插入一条记录时，屏幕显示"触发器失败"。

5.2.3　数据库表与自由表之间的转换

1. 将自由表转换成数据库表

可以把已建好的自由表添加到数据库设计器中，将其转换成数据库表。

操作步骤如下。

（1）打开数据库"学生库.dbc"。

（2）在数据库设计器内空白处右击，在弹出的快捷菜单中执行"添加表"命令。

（3）在"打开"对话框中选择需要添加的自由表，如xs.dbf，单击"确定"按钮，在数据库设计器窗口中就能看到添加进来的xs.dbf。

重复第（1）步、第（2）步操作，可以为数据库添加多个表。

2. 将数据库表转换成自由表

也可以把数据库表从数据库设计器中删除，使之转换成自由表。

操作步骤如下。

（1）打开"学生库.dbc"。

（2）右击要删除的数据库表xs.dbf，在弹出的快捷菜单中执行"删除"命令。

（3）在弹出的对话框中单击"移去"按钮。

5.3　数据库表间的关联与数据完整性

5.3.1　数据库表间的永久关联

相对SET RELATION TO命令建立的临时关联而言，数据库表之间的关联被作为数据库信息的一部分加以保存，这种关联是永久性的。当在查询设计器或视图设计器窗口中使用这些表，或者在创建表单或报表的"数据环境设计器"窗口中使用数据库时，表之间的永久关联将作为表之间的默认关联。

在创建永久关联之前，两个表需要有一些公共的字段以及以这些字段为依据建立的相应索引。这样的字段被称为主关键字段和外部关键字段。主关键字段存在于发出关联的表中，通常需要为该字段建立一个主索引；外部关键字段存在于被关联的表中，通常为该字段建立一个普通索引。以主关键字段和外部关键字段创建的索引必须具有相同的索引表达式。

【例5-4】　在数据库设计器窗口中，为数据库"学生库.dbc"中的xs.dbf和cj.dbf通过

xh 建立永久关联。

操作步骤如下。

（1）打开数据库“学生库.dbc”，弹出数据库设计器窗口。

（2）以 xs.dbf 的 xh 为关键字建立一个主索引 xh，再以 cj.dbf 的 xh 为关键字建立一个普通索引 xh。

（3）在数据库设计器窗口中，用鼠标直接将 xs.dbf 的 xh 索引项拖放到 cj.dbf 的 xh 索引项上，在两表之间将产生一条关联线。

Visual FoxPro 将根据两个相关联的关键字段在各自由表中的索引类型将自动确定此种永久关联是一对一关联还是一对多关联。如图 5-9 所示的关联线一端为一根，另一端为多根，分别表示是一对多关联中的一方与多方。一对多关联中的一方必须是用主关键字段建立的主索引；多方可以是按普通关键字段建立的普通索引或唯一索引。若被关联表中的索引是主索引或候选索引，则将自动建立一对一的永久关联。

在数据库设计器窗口中双击数据库表之间的关联线，将弹出如图 5-10 所示的“编辑关系”对话框。在该对话框中可以修改已建立的关联。此外，若单击关联线，使其变粗，然后按 Delete 键，则可以删除已建立的关联。

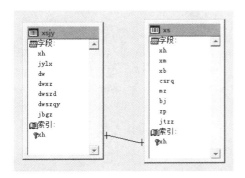
图 5-9　建立永久关联

图 5-10　“编辑关系”对话框

5.3.2　数据完整性

数据完整性（Data Integrity）是指数据的精确性（Accuracy）和可靠性（Reliability）。它是应防止数据库中存在不符合语义规定的数据和防止因错误信息的输入输出造成无效操作或错误信息而提出的。数据完整性分为 4 类：实体完整性（Entity Integrity）、域完整性（Domain Integrity）、参照完整性（Referential Integrity）、用户定义完整性（User-defined Integrity）。

1. 实体完整性与主关键字

实体完整性是指关系中的主关键字不能取空值（NULL）。所谓空值就是不知道或无意义的值。如果主关键字为空值，那么其对应的这条记录就是无意义的。如在 xs.dbf 中，若学号为空值，而姓名、性别等字段却有值，则该条记录无意义。

实体完整性是保证表中记录唯一的特性，即在一个表中不允许有完全重复的记录。在

Visual FoxPro 中利用主关键字或候选关键字来保证表中的记录唯一,即保证实体唯一性。如果一个或几个字段的值能够唯一地标识表中的一条记录,则这样的字段称为候选关键字。在一个表上可能会有几个具有这种特性的字段或字段的组合,可以从中选择一个作为主关键字。

例如,对 xs.dbf 进行实体完整性约束,可以设置 xh 字段为主索引。设置完毕后,若追加一条 xh 值为"20060101"的新记录,xh 字段的值与之前的记录重复,则会弹出错误提示,如图 5-11 所示。

图 5-11　实体完整性错误提示

2. 域完整性与约束规则

域完整性与约束规则在 Visual FoxPro 中即建立字段有效性规则。方法是使用表设计器的"字段"选项卡,其中有一组定义字段有效性规则的项,它们是"规则"(字段有效性规则)、"信息"(违背字段有效性规则时的提示信息)、"默认值"(字段的默认值)3 项。字段有效性规则的项可以直接输入,也可以单击输入框旁的按钮,弹出表达式"生成器"对话框,在其中编辑、生成相应的表达式。

(1)规则:限制该字段的数据有效范围。如定义的"cj.dbf"中的成绩字段,可以设置输入的成绩只能在 0～100 区间内,在规则中输入 cj=>0. AND. cj<=100,这样当给 cj 字段输入记录时若输入范围之外的数值,会弹出对话框提示错误。

(2)信息:当向设置了规则的字段输入不符合规则的数据时,就会将所设置的信息显示出来,如:"成绩的范围为 0-100"。

(3)默认值:当向表中添加记录时,该字段的预置值。成绩字段设置默认值为 0。字段有效性的设置如图 5-12 所示。

3. 参照完整性与表之间的关联

参照完整性用来控制数据的一致性,尤其是数据库中相关表的主关键字和外部关键字之间数据的一致性。当插入、删除或修改一个表中的数据时,通过参照引用相互关联的另一个表中的数据,来检查对表的数据操作是否正确。例如,cj.dbf 由 xh、kcdm、pj 等多个字段构成,当插入一条记录时,如果没有参照完整性检查,则可能会插入一个并不存在的学生记录,这时插入的记录肯定是错误的。如果在插入记录之前,能够进行参照完整性检查,检查指定学生的 xh 在数据库中是否存在,则可以保证插入记录的合法性。参照完整性是关系数据库管理系统的一个很重要的功能。在 Visual FoxPro 中为了建立参照完整性,必须首先建立表之间的联系。

若数据库表已建立永久关联,则可在此基础上设置表间的参照完整性。参照完整性主

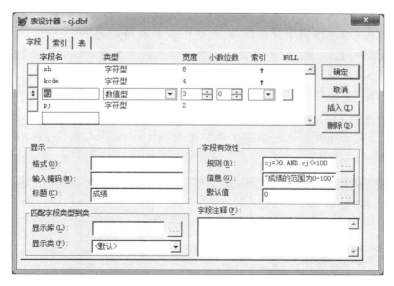

图 5-12 字段有效性的设置

要用于指定如何处理相关数据表中相应的数据记录,其设置在"参照完整性生成器"对话框中进行,如图 5-13 所示。

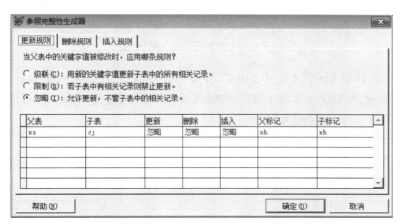

图 5-13 设置参照完整性

打开"参照完整性生成器"对话框的方法是:在数据库设计器中,右击永久关系连线,在弹出的快捷菜单中选择"编辑参照完整性"命令。该对话框中有 3 个选项卡,分别设置记录的更新、删除和插入规则。

(1)"更新规则"选项卡:用于设置当父表的关键字被修改时如何更改相关记录。

- 选择"级联"单选按钮则系统会自动用新的关键字值更新子表中所有相关的记录。
- 选择"限制"单选按钮则表示若子表中有相关的记录则禁止更新。
- 选择"忽略"单选按钮则表示允许更新,忽略子表中的相关记录。

(2)"删除规则"选项卡:用于设置当父表的记录被删除时如何删除相关记录。

- 选择"级联"单选按钮则系统会自动删除子表中所有相关的记录。

- 选择"限制"单选按钮则表示若子表中有相关的记录则禁止删除。
- 选择"忽略"单选按钮则允许删除,忽略子表中的相关记录。

（3）"插入规则"选项卡：用于设置在子表中插入记录或更新记录时系统如何处理。

- 选择"限制"单选按钮,若父表中不存在相匹配的记录,则禁止插入。
- 选择"忽略"单选按钮则允许插入。

例如,为 xs.dbf 和 cj.dbf 两张表设置参照完整性的插入规则,选择"限制"单选按钮,如图 5-14 所示。当向 cj.dbf 插入一条学生成绩记录,xh 是 xs.dbf 中不存在的,那么会弹出消息框提示禁止插入。

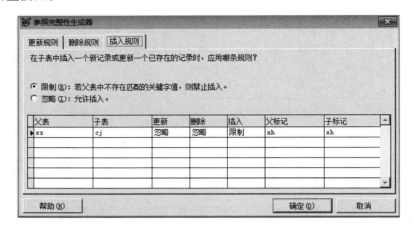

图 5-14　设置参照完整性插入规则

【例 5-5】　打开数据库"学生库.dbc",将 xs.dbf 和 cj.dbf 添加进该数据库中,通过 xh 字段建立表间的永久关联。为以上建立的联系设置参照完整性约束：更新规则为"级联"；删除规则为"限制"；插入规则为"限制"。

操作步骤如下：

（1）打开数据库"学生库.dbc"。

（2）打开数据库菜单,选择"添加表",在弹出的"添加表"对话框中选择 xs.dbf 和 cj.dbf。

（3）分别打开 xs.dbf 和 cj.dbf 表设计器,选择"索引"选项卡,在"索引名"列输入引号改成中文,在"类型"列选择"主索引",在"表达式"列输入 xh,在"排序"列使箭头向上,单击"确定"按钮,保存表结构。

（4）在数据库设计器中,选中 xs.dbf 表中的索引 xh 并拖动到 cj.dbf 的索引 xh 上松开,这样两个表之间就建立起了永久关联。

（5）建立好永久关联后,在两处表的 xh 索引之间有一条线,单击这条表示两个表之间联系的关联线,线会加粗,此时在主菜单中选择"数据库"中的"编辑参照完整性(I)",系统弹出"参照完整性生成器"对话框,在"更新规则"选项卡中,选择"级联"单选按钮,在"删除规则"选项卡中选择"限制"单选按钮,在"插入规则"选项卡中选择"限制"单选按钮,单击"确定"保存所编辑的参照完整性。

4. 用户定义完整性

用户定义完整性是指根据用户的实际需要进行完整性约束的设定。用户定义完整性可以涵盖实体完整性、域完整性、参照完整性等完整性类型。下面以记录有效性的设置为例介绍用户定义完整性设定。

记录有效性是指定记录的有效条件，只有满足该条件时数据才能输入到表中，它确定的是该记录各字段值之间的总体数据关系是否正确。当记录的数据不符合规则时，由系统显示给用户的提示信息。

【例 5-6】 设置 xsjy.dbf 的记录有效性规则，保证"就业类型"为常规就业的学生在"就业单位"字段中不能填写部队。

操作步骤如下。

（1）打开 xsjy.dbf 表设计器，选择"表"选项卡，在"记录有效性"属性下方的"规则"右侧输入：.NOT.(jylx="常规就业".AND.dwxz="部队")，在"信息"右侧输入："常规就业的去向不应该为部队"。结果如图 5-15 所示。

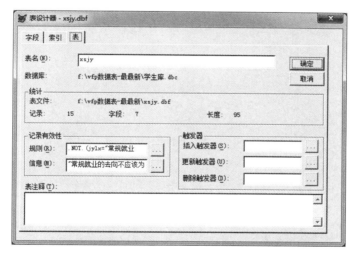

图 5-15　记录有效性的设置

（2）单击"确定"按钮。执行"显示"|"浏览'xsjy'"命令，追加一条新记录，将其 jylx 字段填写为"常规就业"、jydw 字段填写为"部队"，当光标离开该字段或保存并关闭表时，会弹出出错信息对话框，提示操作者填写学生就业信息时"常规就业的去向不应该为部队"，如图 5-16 所示。

图 5-16　记录有效性错误提示

本章小结

　　本章着重讲解了在 Visual FoxPro 中数据库的基本操作，包括建立、打开和关闭数据库，以及对数据库表进行具体操作。本章需要重点掌握的是数据库表的基本操作，包括设置显示和输入格式、字段有效性与记录有效性规则等。着重练习数据库记录有效性及数据完整性的设置

第6章 结构化查询语言SQL

导学

内容与要求

SQL(Structured Query Language,SQL)即结构化查询语言,是最重要的关系数据库操作语言。几乎所有的关系型数据库管理系统都支持 SQL,如 Oracle、Sybase、DB2、Informix、SQL Server 等。目前,SQL 的影响已经超出数据库领域,得到其他领域的重视和采用,如人工智能领域的数据检索、物联网环境下的大数据分析处理等。

作为一种非过程化编程语言,SQL 允许用户在高层数据结构上工作。它不要求用户指定对数据的存放方法,也不需要用户了解具体的数据存放方式,即使具有完全不同底层结构的数据库系统都可以使用 SQL 作为数据输入与管理的接口。

SQL 概述介绍了 SQL 的 3 大功能,即数据定义(Data Definition Language ,DDL)、数据操纵(Data Manipulation Language ,DML)、数据控制(Data Control Language,简称DCL)等。

表结构操作主要讲解了 SQL 对表结构的定义、修改、删除等功能。

表记录操作主要讲解了 SQL 对记录的增、删、改等功能。

SQL 的数据查询主要讲解了 SQL 多种查询功能,包括基本查询、带条件的查询、连接查询、嵌套查询、计算查询、分组与排序查询、集合查询、量词和谓词查询、空值查询和查询去向等。

本章是全书的重点内容之一,也是全国计算机等级考试(二级 VFP 科目)重要的考核内容,涉及理论及上机的各个环节,其分值所占比例一般高达 35% 以上。

重点、难点

本章的重点是 SQL 表结构、表记录的基本命令的使用。本章的难点是 SQL 数据查询的复杂命令的使用。

SQL 是一种用于数据库查询和编程的语言,由 IBM 在 20 世纪 70 年代开始研发,目前有多个版本,已成为关系型数据库普遍使用的标准查询语言。SQL 以其语言简洁、功能强大、使用方便等优势广泛地应用于各种环境下的数据库维护和数据查询。

6.1　SQL 概述

SQL 的大多数语句都是独立执行的,与上下文无关。它既不是数据库管理系统,也不是应用软件开发语言,只能用于对数据库中的数据进行操作。

SQL 具有如下主要特点。

1. SQL 是一体化的语言

SQL 集数据定义、数据操纵、数据控制 3 大功能为一体,可以完成数据库开发过程中的绝大部分工作。

(1) 数据定义包括表结构的创建、修改、删除等功能,如 CREATE、ALTER、DROP 等。

(2) 数据操纵包括表记录的管理等功能,如 SELECT、INSERT、UPDATE、DELETE 等。

(3) 数据控制包括数据表的存取许可、权限等功能,如 GRANT、DENY、REVOKE 等。

2. SQL 具有强大的查询功能

SQL 的核心是查询。只要数据是按关系方式存放在数据库中的,就能用 SQL 的命令查询出来,既直观又简练。

3. SQL 是一种高度非过程化的语言

用 SQL 进行数据操作时,用户只需向计算机提出“做什么”,而不必指明“如何做”;用户无须了解数据的存储位置、如何寻找数据以及 SQL 的操作过程,系统会自动完成。

4. SQL 非常简洁

虽然 SQL 功能很强,但它只有为数不多的几条命令,另外 SQL 的语法也非常简单,它很接近英语语言,因此易学易懂。

5. SQL 有两种执行方式

SQL 既能以交互命令方式直接使用,也能嵌入到各种高级语言中使用。在这两种方式下,SQL 的语法结构基本一致,为开发者提供了极大的灵活性和方便性。

6.2　表结构操作

本节主要介绍利用 SQL 语句来实现数据表结构的创建与修改,包括表结构中字段的增加、删除、修改等操作,以及数据库与表的删除等内容。

6.2.1　定义(创建)表结构

【格式】　CREATE TABLE|DBF <表名 1> [NAME <长表名>][FREE]
　　　　　(<字段名 L><数据类型>[(<宽度>[,<小数位数>])][,<字段名 2>...])

[CHECK<逻辑表达式 1>[ERROR<文件信息 1>][DEFAULT<表达式 1>]
[PRIMARY KEY|UNIQUE][REFERENCES<表名 2>[TAG <标识名 1>]]
[NOCPTRANS][,<字段名 2>...]
[,PRIMARY KEY<表达式 2> TAG <标识名 2>|,UNIQUE<表达式 3> TAG
<标识名 3>][,FOREIGN KEY<表达式 4> TAG <标识名 4>[NODUP]
REFERENCES<表名 3>[[TAG <标识名 5>]]
[,CHECK<逻辑表达式 2>[ERROR<文件信息 2>]])
|FROM ARRAY <数组名>

【功能】 定义(创建)一个表。

【说明】

- CREATE TABLE 和 CREATE DBF 等价,都是创建表文件。
- FREE 短语用在数据库打开的情况下,指明创建自由表。默认在数据库未打开时创建的是自由表,在数据库打开时创建的是数据库表。
- CHECK<逻辑表达式>短语用来为字段值指定约束条件;ERROR<文件信息>短语用来指定不满足约束条件时显示的出错提示信息。
- DEFAULT<表达式>短语用来指定字段的默认值。
- PRIMARY KEY 短语指定当前字段为主索引关键字;UNIQUE 短语指定当前字段为候选索引关键字(注意不是唯一索引)。
- FOREIGN KEY 短语和 REFERENCES 短语用来描述表之间的关系。
- NOCPTRANS 短语用来禁止转换为其他代码页。仅用于字符型或备注型字段。
- PRIMARY KEY<表达式 2> TAG <标识名 2>短语用来创建一个以<表达式 2>为索引关键字的主索引,<标识名 2>为其索引标识。
- UNIQUE<表达式 3> TAG <标识名 3>短语用来创建一个以<表达式 3>为索引关键字的候选索引,<标识名 3>为其索引标识。
- FOREIGN KEY<表达式 4> TAG <标识名 4>[NODUP]REFERENCES [TAG <标识名 5>]短语用来创建一个以<表达式 4>为索引关键字的外(非主)索引,<标识名 4>为其索引标识,并与父表建立关系。<表名 3>为父表的表名,<标识名 5>为父表的索引标识,省略<标识名 5>时将以父表的主索引关键字建立关系。
- FROM ARRAY <数组名>短语说明用指定的数组内容创建表文件。
- 除 FREE 短语之外,以上各短语只有在创建数据库表时才能使用。

【例 6-1】 创建一个 xs. dbf,它由以下字段组成:xh(C,8)、xm(C,12)、xb(C,2)、csrq(D)、mz(C,10)、bj(C,2)、zp(G)、jtzz(M)。

结果如图 6-1 所示。其 SQL 命令如下。

```
CREATE TABLE xs(xh C(8),xm C(12),xb C(2),csrq D,mz C(10),bj C(2),;
zp G,jtzz M)
MODIFY STRUCTURE
```

MODIFY STRUCTURE 不是 SQL 语句,是 Visual FoxPro 语句,这里仅用来显示 SQL 语句的执行结果。本章涉及的非 SQL 语句均为 Visual FoxPro 语句,以下不再赘述解释。

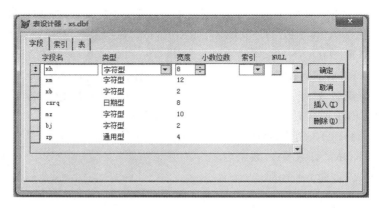

图 6-1　创建自由表

【例 6-2】　创建"学生库"数据库,在此数据库中创建 cj.dbf,含有 xh(C,8)、kcdm(C,4)、cj(N,3)、pj(C,2)4 个字段,设置 cj 的约束条件为 0~100 之间,并设置 pj 默认值为"良"。结果如图 6-2 所示。其 SQL 命令如下。

```
CREATE DATABASE 学生库
CREATE TABLE cj(xh c(8),kcdm c(4),cj n(3) CHECK cj>=0 AND cj<=100,;
pj c(2) DEFAULT "良")
MODIFY DATABASE 学生库
```

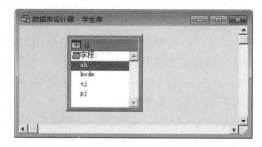

图 6-2　创建数据库表

6.2.2　修改表结构

修改表结构的 SQL 命令为 ALTER TABLE。该命令有 3 种格式。

1. 命令格式 1

【格式】　ALTER TABLE <表名 1> ADD|ALTER [COLUMN]
　　　　　<字段名 1><字段类型>[(<字段宽度>[,<小数位数>])]
　　　　　[NULL][NOT NULL]
　　　　　[CHECK <逻辑表达式 1>[ERROR <文本信息 1>]]
　　　　　[DEFAULT <表达式 1>]
　　　　　[PRIMARY KEY|UNIQUE]

[REFERENCES<表名 2>[TAG<标识名 1>]]

[NOCPTRANS]

ADD|ALTER [COLUMN]<字段名 2>＜字段类型>[(<字段宽度>[,<小数位数>])]...

【功能】 为指定的表增加指定的字段,或者修改指定的字段。

【说明】

- ADD[COLUMN]<字段名 1>＜字段类型>[(<字段宽度>[,<小数位数>])]短语用来增加字段,并指定新增加字段的名称、类型等信息。
- ALTER [COLUMN]<字段名 1>＜字段类型>[(<字段宽度>[,<小数位数>])]短语用来修改字段,并指定修改后字段的名称、类型等信息。
- 在本命令中使用 CHECK、PRIMARY KEY、UNIQUE 等短语时,应注意原有的表数据是否违反了约束条件,是否满足主关键字值的唯一性要求等。
- 执行本命令之前,不必事先打开有关的数据表。

【例 6-3】 为 xsdbf 增加两个字段：hf(C,2)(hf 意为"婚否")、lxdh(C,11)(lxdh 意为"联系电话")。

结果如图 6-3 所示。其 SQL 命令如下。

```
ALTER  TABLE xs  ADD hf C(2) ADD lxdh C(11)
LIST STRUCTURE
```

```
表结构:                              C:\USERS\ADMINISTRATOR\DESKTOP\VFP+大数据书稿2016.5\VFP\XS.DBF
数据记录数:                          0
最近更新的时间:                      06/06/16
备注文件块大小:                      64
代码页:                              936
      字段  字段名          类型                  宽度    小数位   索引    排序      Nulls
      1    XH              字符型                 8                              否
      2    XM              字符型                 12                             否
      3    XB              字符型                 2                              否
      4    CSRQ            日期型                 8                              否
      5    MZ              字符型                 10                             否
      6    BJ              字符型                 2                              否
      7    ZP              通用型                 4                              否
      8    JTZZ            备注型                 4                              否
      9    HF              字符型                 2                              否
      10   LXDH            字符型                 11                             否
** 总计 **                                       64
```

图 6-3　修改表结构—命令格式 1 举例 1

【例 6-4】 为 xs.dbf 增加 jg(C,20)字段来表达学生籍贯信息,并将 xm 字段的总宽度改为 8 位。

结果如图 6-4 所示。其 SQL 命令如下。

```
ALTER TABLE xs ADD jg C(20)
ALTER TABLE xs ALTER xm C(8)
LIST STRUCTURE
```

2. 命令格式 2

【格式】 ALTER TABLE <表名 1> ALTER [COLUMN]<字段名 2>
　　　　[NULL][NOT NULL]

```
表结构:                      C:\USERS\ADMINISTRATOR\DESKTOP\VFP+大数据书稿2016.5\VFP\XS.DBF
数据记录数:                  0
最近更新的时间:              06/06/16
备注文件块大小:              64
代码页:                      936
    字段  字段名            类型                     宽度   小数位   索引   排序        Nulls
     1    XH               字符型                     8                                 否
     2    XM               字符型                     8                                 否
     3    XB               字符型                     2                                 否
     4    CSRQ             日期型                     8                                 否
     5    MZ               字符型                    10                                 否
     6    BJ               字符型                     2                                 否
     7    ZP               通用型                     4                                 否
     8    JTZZ             备注型                     4                                 否
     9    HF               字符型                     2                                 否
    10    LXDH             字符型                    11                                 否
    11    JG               字符型                    20                                 否
** 总计 **                                          80
```

图 6-4　修改表结构－命令格式 1 举例 2

[SET DEFAULT <表达式 2>]

[SET CHECK <逻辑表达式 2>[ERROR <文本信息 2>]]

[DROP DEFAULT]

[DROP CHECK]

ALTER [COLUMN] <字段名 3>...

【功能】　设置或删除指定表中指定字段的默认值和(或)约束条件。

【说明】

- SET DEFAULT <表达式 2>短语用来设置默认值；SET CHECK <逻辑表达式 2>[ERROR <文本信息 2>]短语用来设置约束条件。
- DROP DEFAULT 短语用来删除默认值；DROP CHECK 短语用来删除约束条件。
- 本命令只能应用于数据库表。

【例 6-5】　在例 6-2 创建的 cj.dbf 中，为 xh 字段设置默认值"20060101"，并删除 cj 字段的约束条件。

其 SQL 命令如下。

```
OPEN DATABASE 学生库
ALTER TABLE cj ALTER xh SET DEFAULT "20060101"
ALTER TABLE cj ALTER cj DROP CHECK
```

3. 命令格式 3

【格式】　ALTER TABLE <表名 1> [DROP[COLUMN] <字段名 3>]

[SET CHECK <逻辑表达式 3>[ERROR <文本信息 3>]]

[DROP CHECK]

[ADD PRIMARY KEY <表达式 3> TAG <标识名 2>]

[DROP PRIMARY KEY]

[ADD UNIQUE <表达式 4>[TAG <标识名 3>]]

[DROP UNIQUE TAG <标识名 4>]

[ADD FOREIGN KEY <表达式 5> TAG <标识名 4>

REFERENCES <表名 2> TAG <标识名 5>]]

［DROP FOREIGN KEY TAG <标识名 6 >[SAVE]]

［RENAME COLUMN <字段名 4 > TO <字段名 5 >]

［NOVALIDATE]

［DROP［COLUMN] <字段名 4 >]…

【功能】　删除指定表中的指定字段,设置或删除指定表中指定字段的约束条件,增加或删除主索引、侯选索引、外索引,以及对字段重新命名等。

【说明】

- 对于自由表而言,只能使用 DROP［COLUMN]短语删除指定的字段,以及用 RENAME COLUMN 短语对字段重新命名,其他短语只能应用于数据库表。
- ADD PRIMARY KEY <表达式 3 > TAG <标识名 2>短语用来为该表建立主索引; DROP PRIMARY KEY 短语用来删除该表的主索引。
- ADD UNIQUE <表达式 4 >［ TAG <标识名 3 >]短语用来为该表建立侯选索引; DROP UNIQUE TAG <标识名 4>短语用来删除指定的侯选索引。注意:这里的 UNIQUE 不是为唯一索引的意思。
- ADD FOREIGN KEY <表达式 5 > TAG <标识名 4 > REFERENCES <表名 2 > TAG <标识名 5 >]短语用来为该表建立外(非主)索引,并与指定的父表建立关联。
- DROP FOREIGN KEY TAG <标识名 6 >[SAVE]短语用来删除外(非主)索引,并取消与父表的关联。
- NOVALIDATE 短语指明在修改表结构时允许违反数据完整性规则;缺省此短语则禁止违反数据完整性规则。

【例 6-6】　将 xs. dbf 中的 hf 字段删除,并将 lxdh 字段更名为 phone。

结果如图 6-5 所示。其 SQL 命令如下。

```
OPEN DATABASE 学生库
ALTER TABLE xs DROP COLUMN hf
ALTER TABLE xs RENAME COLUMN lxdh TO phone
LIST STRUCTURE
```

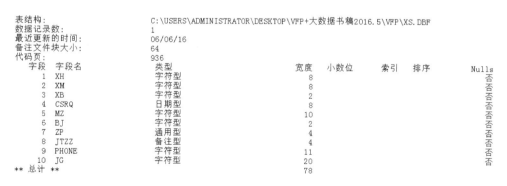

图 6-5　修改表结构-命令格式 3 举例

6.2.3　建立视图

视图是从数据库表中派生出来的虚拟表。它不能独立存在,总是依赖于一个或多个数据库表,或者依赖于某个视图。创建视图的 SQL 命令如下。

【格式】 CREATE VIEW〈视图名〉[(字段名 1[,字段名 2]...)] AS < SELECT 语句>

【功能】 定义(创建)一个视图。

【说明】

- AS 短语中的 SELECT 语句可以是任意的 SELECT 查询语句。当未指定所创建视图的字段名时,则视图的字段名与 SELECT 查询语句中指定的字段同名。
- 创建的视图定义将被保存在数据库中,因而需要事先打开数据库。

【例 6-7】 在"学生库"数据库中,创建一个名为 highscore 的视图,由 cj.dbf 中 cj 大于等于 90 的记录构成。

结果如图 6-6 所示。其 SQL 命令如下。

```
OPEN DATABASE 学生库
CREATE VIEW highscore AS;
SELECT * FROM cj WHERE cj > = 90
MODIFY DATABASE
```

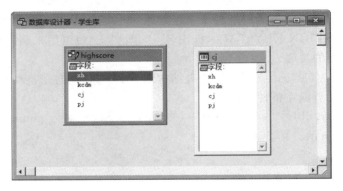

图 6-6 建立视图

提示:SELECT 短语中的 * 表示所有字段;创建完成的视图可以像数据表一样,用 USE 命令打开,用 LIST 命令或 BROWSE 命令浏览。

6.2.4 删除数据库

【格式】 DELETE DATABASE <数据库名>

【功能】 删除数据库及该数据库中的视图等内容。如果数据库中有表,则数据库中的表转换为自由表。如删除 D 盘上名为"学生库"的数据库,命令为:

```
DELETE DATABASE D:\学生库
```

6.2.5 删除表

【格式】 DROP TABLE <表名>

【功能】 删除指定表的结构和内容(包括在此表上建立的索引)。

【说明】 如果删除的是数据库表,应该注意在打开相应数据库的情况下进行删除;否则,使用该命令只是删除了表本身,并没有将数据库中的登记信息删除,造成以后对数据库操作出现错误。如删除 D 盘上名为 kcold 的自由表,命令为:

```
DROP TABLE D:\kcold
```

6.3 表记录操作

本节主要介绍使用 SQL 语句对数据表中的记录进行增加、修改、删除等操作。

6.3.1 插入记录

【格式 1】 INSERT INTO <表名> [<字段名表>] VALUES (<表达式表>)

【格式 2】 INSERT INTO <表名> FROM ARRAY <数组名>|FROM MEMVAR

【功能】 在指定的表文件末尾追加一条记录。格式 1 用表达式表中的各表达式值赋给 <字段名表> 中的相应的各字段。格式 2 用数组或内存变量的值赋值给表文件中的字段。

【说明】 如果某些字段名在 INTO 子句中没有出现,则新记录在这些字段名上将取空值(或默认值)。

<字段名表>:指定表文件中的字段,缺省时,按表文件字段的顺序依次赋值。

<表达式表>:指定要追加的记录各个字段的值。

【例 6-8】 在 xs.dbf 中插入一条新记录。

(1)用格式 1 的表达式方式来追加一条新记录。结果如图 6-7 所示。其 SQL 命令如下。

```
INSERT INTO xs(xh,xm,xb,csrq,mz,bj);
VALUES("20060801","李安海","男",{^1997/12/11}, "满族", "08")
BROWSE
```

Xh	Xm	Xb	Csrq	Mz	Bj	Zp	Jtzz	Phone	Jg
20060801	李安海	男	12/11/97	满族	08	gen	memo		

图 6-7 插入记录—命令格式 1 举例

(2)用格式 2 的数组方式来追加一条新记录。结果如图 6-8 所示。其 SQL 命令如下。

```
DIMENSION A(6)
A(1) = "20061001"
A(2) = "张宇阳"
A(3) = "女"
A(4) = {^1996/09/11}
A(5) = "壮族"
```

```
A(6) = "10"
INSERT INTO xs FROM ARRAY A
BROWSE
```

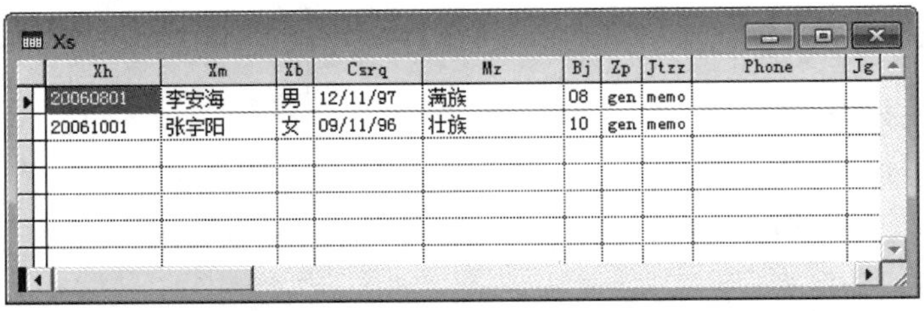

图 6-8   插入记录－命令格式 2 举例 1

提示：因为数组中各个数组元素的值是依次赋给记录中对应字段变量的，所以要求数组中的各个数组元素的数据类型要与记录中对应字段类型相一致。

（3）用格式 2 的内存变量方式来追加一条新记录。结果如图 6-9 所示。其 SQL 命令如下。

```
xh = "20061101"
xm = "赵敏"
xb = "女"
csrq = {^1999/03/08}
mz = "汉族"
bj = "11"
INSERT INTO xs FROM MEMVAR
BROWSE
```

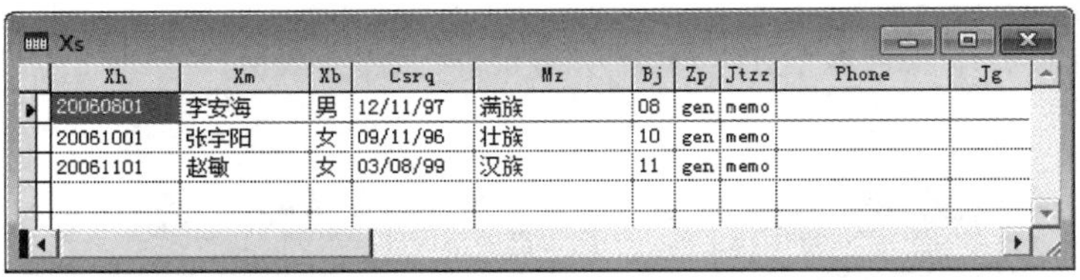

图 6-9   插入记录－命令格式 2 举例 2

提示：内存变量的名字要与表中相对应字段的名字相同，内存变量的数据类型要与表中相对应字段的数据类型相一致；否则，内存变量的值不能追加到相对应的字段变量上。

6.3.2   更新记录

本章以下例题均使用前面章节中用到的原始数据表 xs. dbf、cj. dbf、kc. dbf 等。

【格式】   UPDATE <表文件名> SET <字段名 1>=<表达式>［,<字段名 2>=<表达式>...］［WHERE <条件表达式>］

【功能】   更新指定表文件中满足 WHERE 子句的数据。

【说明】   其中 SET 子句用于指定字段名和修改的值，WHERE 子句用于设定更新条件，如果省略 WHERE 子句，则表示表中所有的记录均被更新。

【例 6-9】 将 cj.dbf 中 xh 为"20060103",kcdm 为"0501"的 pj 更改为"可"。
结果如图 6-10 所示。其 SQL 命令如下。

```
UPDATE cj SET pj = "可";
WHERE xh = "20060103" AND kcdm = "0501"
BROWSE
```

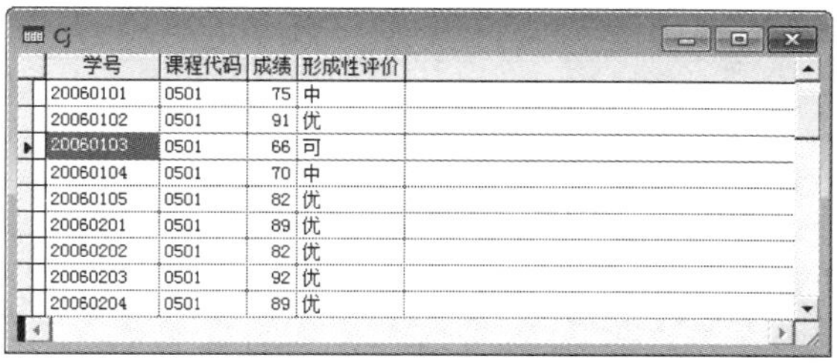

学号	课程代码	成绩	形成性评价
20060101	0501	75	中
20060102	0501	91	优
20060103	0501	66	可
20060104	0501	70	中
20060105	0501	82	优
20060201	0501	89	优
20060202	0501	82	优
20060203	0501	92	优
20060204	0501	89	优

图 6-10 更新记录举例 1

【例 6-10】 将 cj.dbf 中所有学生的 cj 减少 5 分。
结果如图 6-11 所示。其 SQL 命令如下。

```
UPDATE cj SET cj = cj - 5
BROWSE
```

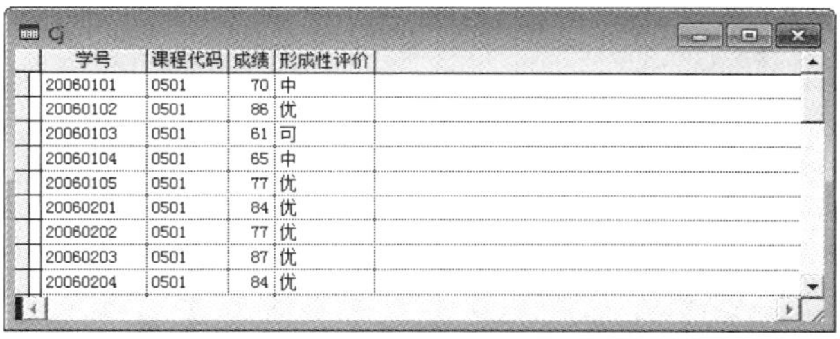

学号	课程代码	成绩	形成性评价
20060101	0501	70	中
20060102	0501	86	优
20060103	0501	61	可
20060104	0501	65	中
20060105	0501	77	优
20060201	0501	84	优
20060202	0501	77	优
20060203	0501	87	优
20060204	0501	84	优

图 6-11 更新记录举例 2

6.3.3 删除记录

【格式】 DELETE FROM <表名> WHERE <条件表达式>

【功能】 从指定的表中删除满足 WHERE 子句的所有记录。如果在 DELETE 语句中没有 WHERE 子句,则该表中的所有记录都将被删除。

【说明】 这里的删除是逻辑删除,即在删除的记录前加上一个删除标记 *。执行完 DELETE 语句后,可以用 PACK 命令将这些记录真正删除,若用 RECALL 命令可以去掉删除标记。

【例 6-11】 将 xs.dbf 中所有男同学的记录逻辑删除,然后再将其彻底删除。
结果如图 6-12 所示。其 SQL 命令如下。

```
DELETE FROM xs WHERE xb = "男"
PACK
BROW
```

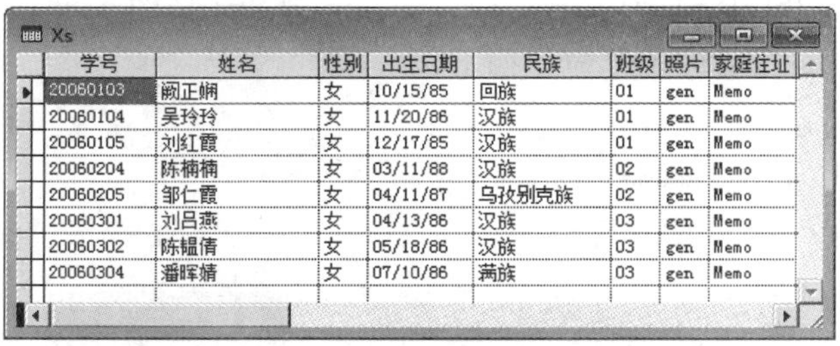

图 6-12　删除记录

6.4　SQL 的数据查询

SQL 的核心是查询，SQL 的查询命令也称 SELECT 命令，它提供了既简单又丰富的数据查询语句。

6.4.1　基本查询

【格式】　SELECT［ALL｜DISTINCT］［<别名>.］<选择项>［AS <列名>］FROM <表>　［,<表>...］

【功能】　无条件查询。

【说明】

- ALL：表示显示全部查询记录，包括重复记录，默认情况下为该选项。
- DISTINCT：表示显示无重复内容的记录。
- 别名：当选择两个以上表中的字段时，可以用别名来区分。
- 选择项：是必选项，不能省略。可以是一个字段名、一个常量或一个表达式，通常为一些字段名。如：字段名 1,字段名 2,…｜* ，* 表示显示输出所有的字段。
- 列名：在显示结果时，指定该列的名称。
- 表：要查询的数据表。

【例 6-12】　显示 xs.dbf 中的所有记录。

结果如图 6-13 所示。其 SQL 命令如下。

```
SELECT * FROM xs
```

命令中的 * 表示显示输出所有的字段，数据来源是 xs.dbf,命令执行后，以浏览窗口的方式自动显示查询结果。

【例 6-13】　显示 xs.dbf 中所有学生的 xh 和 xm,若表中有重复记录，则隐藏这些重复记录，只显示第一个。

其 SQL 命令如下。

```
SELECT DISTINCT xh,xm FROM xs
```

【例 6-14】　将 cj.dbf 中的所有学生 cj 加 1 分并显示出来。

图 6-13　所有记录的查询结果

结果如图 6-14 所示。其 SQL 命令如下。

SELECT xh,cj＋1 AS 加 1 分后的成绩 FROM cj

图 6-14　成绩加 1 分后的查询结果

6.4.2　带条件(WHERE)的查询

【格式】　SELECT［ALL｜DISTINCT］［<别名>.］<选择项>［AS <列名>］［,［<别名>.］<选择项>［AS <列名>…］FROM <表>［,<表>...］［WHERE<条件表达式>］

【功能】　从一个表中查询满足条件的记录。

【说明】　<条件表达式>由一系列用 AND 或 OR 连接的关系表达式组成,有以下几种。

• <字段名 1><关系运算符><字段名 2>。

• <字段名><关系运算符><表达式>。

• <字段名><关系运算符> ALL(<子查询>):<子查询>也是一条 SELECT 命令,<字段名>必须与<子查询>输出的记录值进行比较,且要求所有记录的值都满足该比较条件。

• <字段名><关系运算符> ANY|SOME(<子查询>)。其中<字段名>必须与<子查询>输出记录值进行比较,且至少有一个记录的值满足该比较条件。ANY 表示任意一个,SOME 表示至少一个。

• <字段名>［NOT］BETWEEN <起始值> AND <终止值>。其中<字段名>的值必须在(或不在)<起始值>和<终止值>之间。

• <字段名>［NOT］IN <值表>。其中<字段名>的值必须是(或不是)<值表>中的一个元素(举例见后面嵌套查询部分)。

- <字段名>[NOT] IN (<子查询>)。其中<字段名>必须是(或不是)子查询结果之一(举例见后面集合查询部分)。
- <字段名>[NOT] LIKE <字符表达式>:其中<字符表达式>中可以使用通配符“%”和“_”(下画线)。“%”代表任意多个或零个字符,“_”(下画线)代表任意一个或零个字符,“_”不能用于通配汉字。

【例 6-15】 查询 xs.dbf 中的所有汉族学生的 xh、xm、xb 与 mz 信息。

结果如图 6-15 所示。其 SQL 命令如下。

```
SELECT xh,xm,xb,mz FROM xs WHERE mz = "汉族"
```

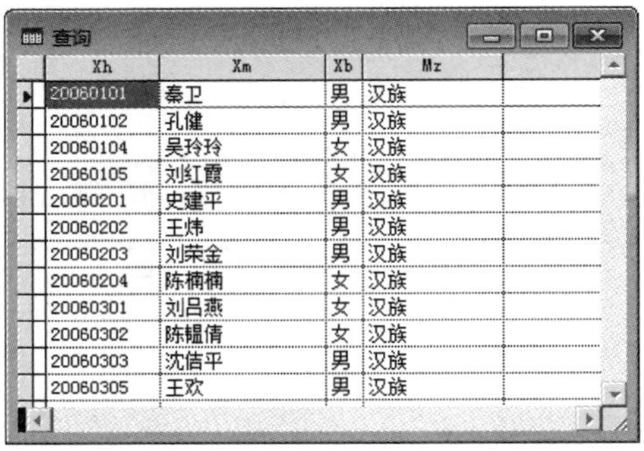

Xh	Xm	Xb	Mz
20060101	秦卫	男	汉族
20060102	孔健	男	汉族
20060104	吴玲玲	女	汉族
20060105	刘红霞	女	汉族
20060201	史建平	男	汉族
20060202	王炜	男	汉族
20060203	刘荣金	男	汉族
20060204	陈楠楠	女	汉族
20060301	刘吕燕	女	汉族
20060302	陈韫倩	女	汉族
20060303	沈信平	男	汉族
20060305	王欢	男	汉族

图 6-15 汉族学生的查询结果

【例 6-16】 查询 xs.dbf 中 1985 年—1987 年出生的学生的 xh、xm 与 csrq 信息。

结果如图 6-16 所示。其 SQL 命令如下。

```
SELECT xh,xm,csrq FROM xs;
WHERE csrq BETWEEN {^1985/01/01} AND {^1987/12/31}
```

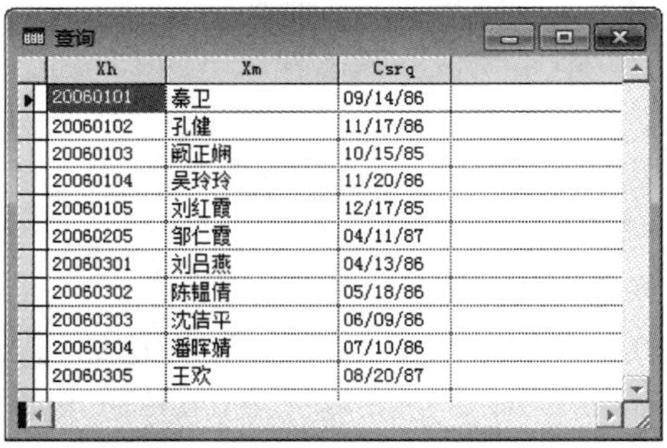

Xh	Xm	Csrq
20060101	秦卫	09/14/86
20060102	孔健	11/17/86
20060103	阚正娴	10/15/85
20060104	吴玲玲	11/20/86
20060105	刘红霞	12/17/85
20060205	邹仁霞	04/11/87
20060301	刘吕燕	04/13/86
20060302	陈韫倩	05/18/86
20060303	沈信平	06/09/86
20060304	潘晖婧	07/10/86
20060305	王欢	08/20/87

图 6-16 1985—1987 年出生的学生查询结果

【例 6-17】 查询 xs.dbf 中刘姓学生的 xh、xm 与 xb 信息。

结果如图 6-17 所示。其 SQL 命令如下。

```
SELECT xh,xm,xb FROM xs WHERE xm LIKE "刘%"
```

查询

Xh	Xm	Xb
20060105	刘红霞	女
20060203	刘荣金	男
20060301	刘吕燕	女

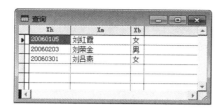

图 6-17 刘姓学生的查询结果

6.4.3 连接查询

1. 简单连接

简单连接是一种基于多个相关联数据表的查询，数据表之间的关联通常是按两表中对应字段的共同值建立联系的。

【例 6-18】 查询并显示学生的 xh、xm、kcdm、cj 及 pj 信息。

结果如图 6-18 所示。其 SQL 命令如下。

```
SELECT A.xh,A.xm,B.kcdm,B.cj,B.pj;
FROM xs A, cj B WHERE A.xh = B.xh
```

查询

Xh	Xm	Kcdm	Cj	Pj
20060101	秦卫	0501	75	中
20060102	孔健	0501	91	优
20060103	阚正娴	0501	66	中
20060104	吴玲玲	0501	70	中
20060105	刘红霞	0501	82	优
20060201	史建平	0501	89	优
20060202	王炜	0501	82	优
20060203	刘荣金	0501	92	优
20060204	陈楠楠	0501	89	优
20060205	邹仁霞	0501	97	优
20060301	刘吕燕	0501	79	良
20060302	陈韫倩	0501	68	中
20060303	沈信平	0501	66	中
20060304	潘晖婧	0501	98	优
20060305	王欢	0501	77	中
20060101	秦卫	0503	56	差
20060102	孔健	0503	57	差

图 6-18 两个表的简单连接查询结果

【例 6-19】 查询并显示学生的 xh、xm、kcdm、cj、dw 和 jbgz 等信息。

结果如图 6-19 所示。其 SQL 命令如下。

```
SELECT xs.xh,xs.xm,cj.kcdm,cj.cj,xsjy.dw,xsjy.jbgz FROM xs,cj,xsjy;
WHERE xs.xh = cj.xh AND xs.xh = xsjy.xh
```

【例 6-20】 显示学生“秦卫”的 xh、xm 及该生所上课程的 kcdm、kcmc 信息。

结果如图 6-20 所示。其 SQL 命令如下。

```
SELECT A.xh,A.xm,B.kcdm,B.kcmc FROM xs A, kc B, cj C;
WHERE A.xm = "秦卫" AND (A.xh =  C.xh AND C.kcdm = B.kcdm)
```

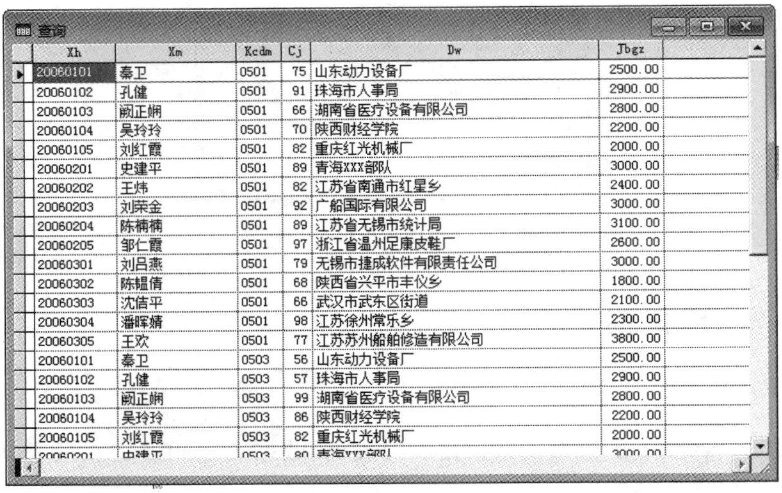

Xh	Xm	Kcdm	Cj	Dw	Jbgz
20060101	秦卫	0501	75	山东动力设备厂	2500.00
20060102	孔健	0501	91	珠海市人事局	2900.00
20060103	阙正娴	0501	66	湖南省医疗设备有限公司	2800.00
20060104	吴玲玲	0501	70	陕西财经学院	2200.00
20060105	刘红霞	0501	82	重庆红光机械厂	2000.00
20060201	史建平	0501	89	青海XXX部队	3000.00
20060202	王炜	0501	82	江苏省南通市红星乡	2400.00
20060203	刘荣金	0501	92	广船国际有限公司	3000.00
20060204	陈楠楠	0501	89	江苏省无锡市统计局	3100.00
20060205	邹仁霞	0501	97	浙江省温州足康皮鞋厂	2600.00
20060301	刘吕燕	0501	79	无锡市捷成软件有限责任公司	3000.00
20060302	陈韫倩	0501	68	陕西省兴平市丰仪乡	1800.00
20060303	沈信平	0501	66	武汉市武东区街道	2100.00
20060304	潘晖婧	0501	98	江苏徐州常乐乡	2300.00
20060305	王欢	0501	77	江苏苏州船舶修造有限公司	3800.00
20060101	秦卫	0503	56	山东动力设备厂	2500.00
20060102	孔健	0503	57	珠海市人事局	2900.00
20060103	阙正娴	0503	99	湖南省医疗设备有限公司	2800.00
20060104	吴玲玲	0503	86	陕西财经学院	2200.00
20060105	刘红霞	0503	82	重庆红光机械厂	2000.00
20060201	史建平	0503	80	青海XXX部队	3000.00

图 6-19 多表的简单连接查询结果

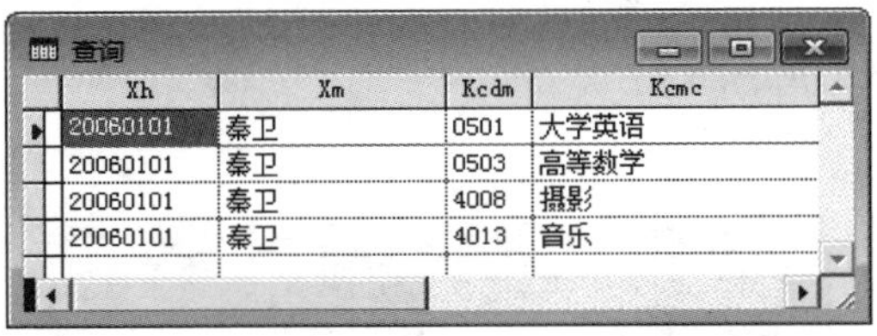

Xh	Xm	Kcdm	Kcmc
20060101	秦卫	0501	大学英语
20060101	秦卫	0503	高等数学
20060101	秦卫	4008	摄影
20060101	秦卫	4013	音乐

图 6-20 多表带条件的简单连接查询结果

2. 内部连接和外部连接

在 SQL 语句中，在 FROM 子句中提供了一种称之为连接的子句。连接分为内部连接和外部连接，外部连接又可分为左连接、右连接和完全连接。

1）内部连接

内部连接是使用 INNER JOIN 的连接，INNER JOIN 等价于 JOIN，与简单连接相同。内部连接包括符合条件的每个表的记录，也称为全记录连接。

【例 6-21】 查询并显示学生的 xh、xm 及对应的 jylx 和 dwxz 信息。

（1）简单连接的 SQL 语句。

```
SELECT xs.xh,xs.xm,xsjy.jylx,xsjy.dwxz FROM xs,xsjy;
        WHERE xs.xh = xsjy.xh
```

（2）内部连接的 SQL 语句。

```
SELECT A.xh,A.xm,B.jylx,B.dwxz;
FROM xs A INNER JOIN xsjy B ON A.xh = B.xh
```

可见内部连接方式不使用 WHERE 子句，而是使用 ON 子句来说明连接条件，会得到完全相同的结果。结果如图 6-21 所示。

查询

Xh	Xm	Jylx	Dwxz
20060101	秦卫	常规就业	企业
20060102	孔健	常规就业	科研院所
20060103	阚正娴	自主创业	企业
20060104	吴玲玲	常规就业	高校
20060105	刘红霞	常规就业	企业
20060201	史建平	入伍	部队
20060202	王炜	基层就业	农村建制村
20060203	刘荣金	常规就业	企业
20060204	陈楠楠	常规就业	政府机关
20060205	邹仁霞	自主创业	企业
20060301	刘吕燕	自主创业	企业
20060302	陈韫倩	基层就业	农村建制村
20060303	沈佶平	基层就业	城镇社区
20060304	潘晖婧	基层就业	农村建制村
20060305	王欢	常规就业	企业

图 6-21 内部连接查询结果

2) 左连接

使用 LEFT[OUTER] JOIN 称为左连接,在查询结果中包含 JOIN 左侧表中的所有记录,以及 JOIN 右侧表中匹配的记录。

左连接时,除满足连接条件的记录出现在查询结果中外,第一个表中不满足连接条件的记录也出现在查询结果中。

【例 6-22】 显示学生的 xh、kcdm、cj、pj、kcmc 和 kss 信息。

结果如图 6-22 所示。其 SQL 命令如下。

```
SELECT A.xh,A.kcdm, A.cj,A.pj,B.kcmc,B.kss;
    FROM cj A LEFT JOIN kc B ON A.kcdm = B.kcdm
```

查询

Xh	Kcdm	Cj	Pj	Kcmc	Kss
20060101	0501	75	中	大学英语	80
20060102	0501	91	优	大学英语	80
20060103	0501	66	中	大学英语	80
20060104	0501	70	中	大学英语	80
20060105	0501	82	优	大学英语	80
20060201	0501	89	优	大学英语	80
20060202	0501	82	优	大学英语	80
20060203	0501	92	优	大学英语	80
20060204	0501	89	优	大学英语	80
20060205	0501	97	优	大学英语	80
20060301	0501	79	良	大学英语	80
20060302	0501	68	中	大学英语	80
20060303	0501	66	中	大学英语	80
20060304	0501	98	优	大学英语	80
20060305	0501	77	中	大学英语	80
20060101	0503	56	差	高等数学	60
20060102	0503	57	差	高等数学	60
20060103	0503	99	优	高等数学	60

图 6-22 左连接查询结果

3) 右连接

使用 RIGHT[OUTER] JOIN 称为右连接,在查询结果中包含 JOIN 右侧表中的所有记录,以及 JOIN 左侧表中匹配的记录。

右连接时,除满足连接条件的记录出现在查询结果中外,第二个表中不满足连接条件的记录也出现在查询结果中。

【例 6-23】 显示学生的 xh、xm、bj、dw 和 dwszd 信息。

结果如图 6-23 所示。其 SQL 命令如下。

```
SELECT A.xh,A.xm, A.bj,B.dw,B.dwszd;
FROM   xs   A   RIGHT JOIN xsjy B ON A.xh = B.xh
```

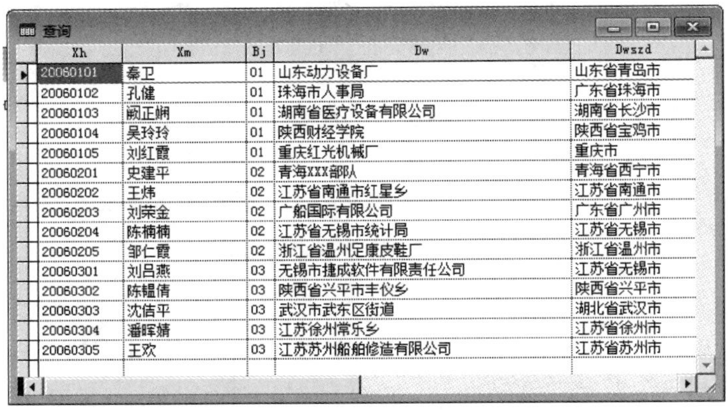

Xh	Xm	Bj	Dw	Dwszd
20060101	秦卫	01	山东动力设备厂	山东省青岛市
20060102	孔健	01	珠海市人事局	广东省珠海市
20060103	阚正娴	01	湖南省医疗设备有限公司	湖南省长沙市
20060104	吴玲玲	01	陕西财经学院	陕西省宝鸡市
20060105	刘红霞	01	重庆红光机械厂	重庆市
20060201	史建平	02	青海XXX部队	青海省西宁市
20060202	王炜	02	江苏省南通市红星乡	江苏省南通市
20060203	刘荣金	02	广船国际有限公司	广东省广州市
20060204	陈楠楠	02	江苏省无锡市统计局	江苏省无锡市
20060205	邹仁霞	02	浙江省温州足康皮鞋厂	浙江省温州市
20060301	刘吕燕	03	无锡市捷成软件有限责任公司	江苏省无锡市
20060302	陈韫倩	03	陕西省兴平市丰仪乡	陕西省兴平市
20060303	沈佶平	03	武汉市武东区街道	湖北省武汉市
20060304	潘晖婧	03	江苏徐州常乐乡	江苏省徐州市
20060305	王欢	03	江苏苏州船舶修造有限公司	江苏省苏州市

图 6-23　右连接查询结果

4）完全连接

使用 FULL[OUTER] JOIN 称为完全连接，在查询结果中包含 JOIN 两侧所有的匹配记录和不匹配记录。

完全连接时，除满足连接条件的记录出现在查询结果中外，两个表中不满足连接条件的记录也出现在查询结果中。

【例 6-24】 显示学生的 xh、kcdm、kcmc、sfxx 信息。

结果如图 6-24 所示。其 SQL 命令如下。

```
SELECT A.xh,A.kcdm,B.kcmc,B.sfxx;
    FROM cj A FULL JOIN kc B ON A.kcdm = B.kcdm
```

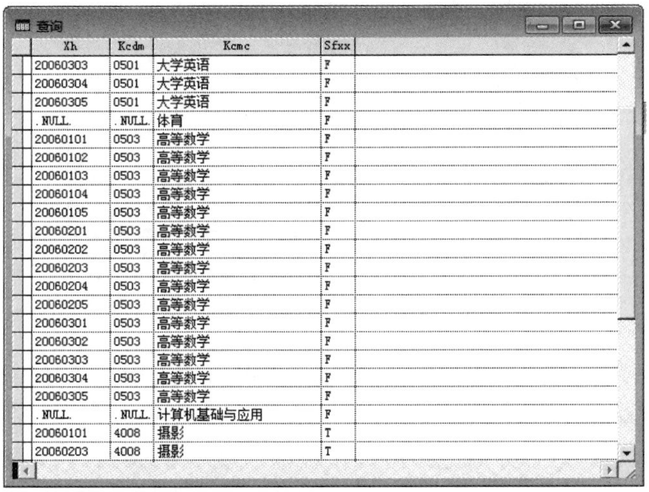

Xh	Kcdm	Kcmc	Sfxx
20060303	0501	大学英语	F
20060304	0501	大学英语	F
20060305	0501	大学英语	F
.NULL.	.NULL.	体育	F
20060101	0503	高等数学	F
20060102	0503	高等数学	F
20060103	0503	高等数学	F
20060104	0503	高等数学	F
20060105	0503	高等数学	F
20060201	0503	高等数学	F
20060202	0503	高等数学	F
20060203	0503	高等数学	F
20060204	0503	高等数学	F
20060205	0503	高等数学	F
20060301	0503	高等数学	F
20060302	0503	高等数学	F
20060303	0503	高等数学	F
20060304	0503	高等数学	F
20060305	0503	高等数学	F
.NULL.	.NULL.	计算机基础与应用	F
20060101	4008	摄影	T
20060203	4008	摄影	T

图 6-24　完全连接查询结果

3. 自连接

SQL 不仅可以对多个表进行连接操作,也可以将同一关系与其自身进行连接,这种连接称为自连接。

【例 6-25】 有一个辅导表,其结构和数据如表 6-1 所示。

表 6-1 辅导表

学号	姓名	辅导同学
001	张帅	003
002	李潇	001
003	秦羽家	002

表中的"学号"和"辅导同学"为同一值域,同一记录的这两个数据是被辅导与辅导的关系。可以使用 SQL 语句查询出同学之间的辅导关系:

SELECT fd. 姓名,"辅导",bfd. 姓名 FROM 辅导 fd,辅导 bfd;
WHERE fd. 学号＝bfd. 辅导同学

结果如表 6-2 所示。

表 6-2 辅导关系表

姓名_a	Exp_2	姓名_b
秦羽家	辅导	张帅
张帅	辅导	李潇
李潇	辅导	秦羽家

6.4.4 嵌套查询

嵌套查询是基于多个关系的查询,查询的结果来自一个表,而查询的条件却涉及多个表。也就是说在一个 SELECT 查询命令的 WHERE 短语中,包含另一个 SELECT 查询命令。内层查询的结果是其外层查询的条件,因此内层查询必须有确定的内容。

Visual FoxPro 只支持两层查询,即内层查询块和外层查询块,不支持 SQL 的多层嵌套查询。

【例 6-26】 显示史建平所在班级的学生的 xh、xm、bj 信息。

结果如图 6-25 所示。其 SQL 命令如下。

```
SELECT xh,xm,bj FROM xs;
    WHERE bj = (SELECT bj FROM xs WHERE xm = "史建平")
```

【例 6-27】 显示在华东地区就业学生的 xh、xm 和 bj 信息。

结果如图 6-26 所示。其 SQL 命令如下。

```
SELECT xh,xm,bj FROM xs;
    WHERE xh IN (SELECT xh  FROM xsjy WHERE dwszqy = "华东")
```

图 6-25　史建平所在班级的学生信息　　　　图 6-26　华东地区就业学生的信息

【例 6-28】　显示"山东动力设备厂"和"广船国际有限公司"的 dwxz 信息。
结果如图 6-27 所示。其 SQL 命令如下。

```
SELECT dwxz FROM xsjy;
    WHERE dw = "山东动力设备厂" and dwxz;
        IN (SELECT dwxz FROM xsjy;
            WHERE dw = "广船国际有限公司")
```

【例 6-29】　显示 jylx 为"自主创业"而不是"常规就业"的 dwszqy 信息。
结果如图 6-28 所示。其 SQL 命令如下。

```
SELECT dwszqy FROM xsjy;
    WHERE jylx = "自主创业" AND dwszqy;
        NOT IN (SELECT dwszqy FROM xsjy;
            WHERE jylx = "常规就业")
```

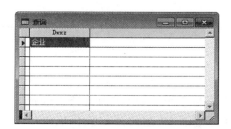

图 6-27　"山东动力设备厂"和"广船国际
　　　　　有限公司"的 dwxz 信息

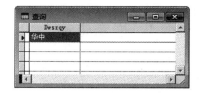

图 6-28　就业类型为"自主创业"而不是
　　　　　"常规就业"的 dwszqy 信息

说明：上述命令用到的 IN 运算符，是"包含在…之中"的意思。

6.4.5　计算查询

SELECT 命令支持对查询结果的数据统计，通过如表 6-3 所示的几个库函数来实现。

表 6-3　库函数的名称与功能

函数名	功　　能
COUNT( )	求查询结果的记录数
SUM( )	求指定数值型字段的总和

函数名	功　　能
AVG( )	求指定数值型字段的平均值
MAX( )	求指定(数值、字符、日期)字段的最大值
MIN( )	求指定(数值、字符、日期)字段的最小值

【例6-30】 统计 xs.dbf 中女同学的人数。

结果如图6-29所示。其SQL命令如下。

SELECT COUNT(*) AS 女同学人数 FROM xs WHERE xb = "女"

提示：COUNT(*)是函数COUNT( )的特殊形式,是指统计满足条件的所有记录；AS 女同学人数,指查询的结果以"女同学人数"为字段标头显示。

【例6-31】 统计 xsjy.dbf 中有多少种不同的 jylx。

结果如图6-30所示。其SQL命令如下。

SELECT COUNT(DISTINCT jylx) FROM xsjy

说明：命令中的"COUNT(DISTINCT jylx)"里的 DISTINCT 是指不重复计算就业类型相同者。

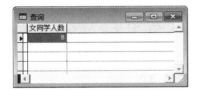
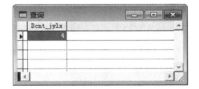

图6-29　女同学的查询结果　　　　　图6-30　统计就业类型的种数

【例6-32】 统计 xsjy.dbf 中 jbgz 的总和、平均值、最大值及最小值。

结果如图6-31所示。其SQL命令如下。

SELECT SUM(jbgz),MAX(jbgz),MIN(jbgz),AVG(jbgz) FROM xsjy

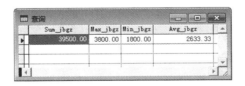

图6-31　统计 xsjy.dbf 中 jbgz 的总和、平均值、最大值及最小值

6.4.6　分组与排序查询

分组查询是将检索得到的数据依据某个字段的值划分为多个组后输出,通过GROUP BY 短语来实现。

排序查询是将检索到的数据进行排序,通过 ORDER BY 短语来实现,其后可以续写

ASC或DESC语句表示排序原则,其中ASC为升序(默认为升序),DESC为降序。

【例6-33】 显示xs.dbf中男女同学各自的人数。

结果如图6-32所示。其SQL命令如下。

```
SELECT xb, COUNT(xb) AS 总人数 FROM xs  GROUP BY xb
```

分组查询中还可以使用HAVING子句进一步限定分组的条件。但HAVING子句总是跟在GROUP BY子句之后,不可以单独使用。

【例6-34】 在cj.dbf中,求出至少获得5个"优"评价的kcdm和评"优"的数量。

结果如图6-33所示。其SQL命令如下。

```
SELECT kcdm, COUNT( * ) AS 评优数量 FROM cj;
GROUP BY kcdm HAVING COUNT( * )>= 5
```

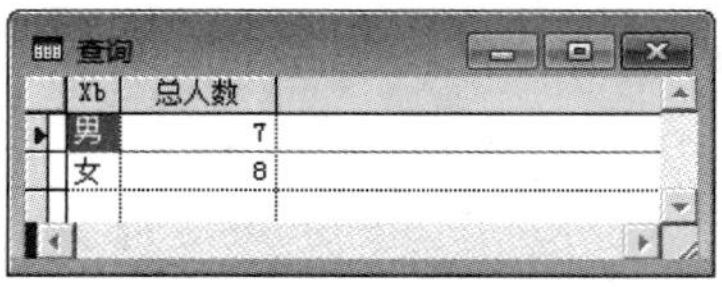

Xb	总人数
男	7
女	8

图6-32 男女同学各自的人数

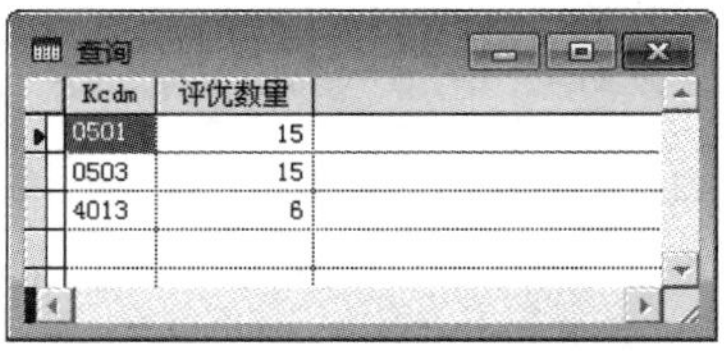

Kcdm	评优数量
0501	15
0503	15
4013	6

图6-33 至少获得5个"优"评价查询结果

提示:HAVING子句与WHERE子句不矛盾,在查询中是先用WHERE子句限定记录,然后再进行分组,最后再用HAVING子句限定分组。

HAVING子句与WHERE子句的区别:WHERE子句是用来指定表中各行所应满足的条件,而HAVING子句是用来指定每一分组所满足的条件,只有满足HAVING条件的那些组才能在结果中被显示。

【例6-35】 按dwszqy降序显示学生的xh、xm、dwszd、dwszqy信息,同一区域的按照xh升序排序。

结果如图6-34所示。其SQL命令如下。

```
SELECT A.xh, A.xm,B.dwszd,B.dwszqy FROM xs A, xsjy B;
WHERE A.xh = B.xh ORDER BY B.dwszqy DESC, B.xh
```

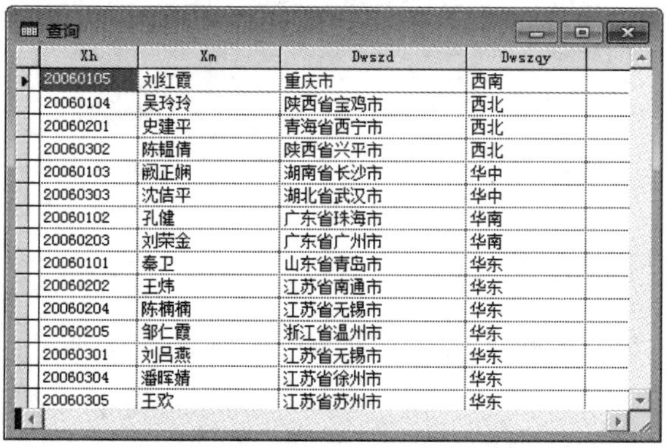

Xh	Xm	Dwszd	Dwszqy
20060105	刘红霞	重庆市	西南
20060104	吴玲玲	陕西省宝鸡市	西北
20060201	史建平	青海省西宁市	西北
20060302	陈韫倩	陕西省兴平市	西北
20060103	阚正娴	湖南省长沙市	华中
20060303	沈佶平	湖北省武汉市	华中
20060102	孔健	广东省珠海市	华南
20060203	刘荣金	广东省广州市	华南
20060101	秦卫	山东省青岛市	华东
20060202	王炜	江苏省南通市	华东
20060204	陈楠楠	江苏省无锡市	华东
20060205	邹仁霞	浙江省温州市	华东
20060301	刘吕燕	江苏省无锡市	华东
20060304	潘晖婧	江苏省徐州市	华东
20060305	王欢	江苏省苏州市	华东

图6-34 按dwszqy降序、xh升序显示学生信息

6.4.7 集合查询

一个 SELECT 语句可查询出一些记录。若要把多个 SELECT 语句的结果合并为一个结果,可用集合操作来完成。集合操作主要包括:并操作、交操作和差操作。

【例 6-36】 显示回族和满族同学的 xh、xm、mz 信息。

结果如图 6-35 所示。其 SQL 命令如下。

```
SELECT xh,xm,mz FROM xs;
    WHERE mz = "回族" UNION;
SELECT xh,xm,mz FROM xs;
    WHERE mz = "满族"
```

图 6-35 回族和满族同学的查询结果

此题也可以这样来做:

```
SELECT xh,xm,mz FROM xs;
WHERE mz = "回族" OR mz = "满族"
```

前面两种解法都是并集的操作。而 SQL 语句中并没有提供直接进行交集和差集的操作,但可以用其他方法来实现,例题 6-28 就是集合的交操作,例题 6-29 就是集合的差操作。

6.4.8 量词和谓词查询

在嵌套查询和子查询过程中经常会使用量词和谓词。

【格式】 <表达式><比较运算符>[ANY|SOME|ALL] (子查询)

　　　　　[NOT] EXISTS (子查询)

【说明】 ANY、SOME 和 ALL 是量词,其中 ANY 和 SOME 在子查询中有一行能使结果为真,则结果就为真;而 ALL 则要求子查询中的所有行都使结果为真时,结果才为真。

EXISTS 是谓词,EXISTS 或 NOT EXISTS 是用来检查在子查询中是否有结果返回,即存在元组或不存在元组。

【例 6-37】 查询 jbgz 大于或等于华南区域任何一名同学 jbgz 的信息。

其 SQL 命令如下。

```
SELECT  DISTINCT  * FROM xsjy WHERE jbgz >= ANY;
(SELECT jbgz FROM xsjy WHERE dwszqy = "华南")
```

上述 SQL 命令与以下查询命令等价:

```
SELECT  DISTINCT  * FROM xsjy WHERE jbgz >= ;
(SELECT MIN(jbgz) FROM xsjy WHERE dwszqy = "华南")
```

【例6-38】 若有一个ck(仓库)表和zg(职工)表,分别如表6-4和6-5所示。查询出哪些仓库中至少有一名职工的仓库信息。

其SQL命令如下。

```
SELECT * FROM ck WHERE EXISTS;
(SELECT * FROM zg WHERE zg.仓库号 = ck.仓库号)
```

上述查询命令与以下查询命令等价:

```
SELECT * FROMck WHERE 仓库号 IN;
(SELECT 仓库号 FROM zg)
```

表6-4 ck 表

仓库号	城市	面积
B01	北京	75
B02	北京	80
S01	上海	60
T01	天津	35

表6-5 zg 表

职工号	姓名	工资	仓库号
001	李舸	6500	B01
002	刘晶	5500	B02
003	王玉	4000	S01
004	李海鹏	7000	S01
005	马德强	3500	S01
006	胡燕	4600	T01

6.4.9 空值查询

空值(NULL)就是缺值或还没有确定值,与0、空格和空字符串含义不同。例如表示价格的一个字段值,空值表示没有定价,而数值0可能表示免费。再如假设在score(成绩)表中有些学生某门课程还没有考试,则可以将成绩字段设置为NULL值,表示成绩尚未确定,并不代表0分。

在Visual FoxPro中,输入NULL值的方法:选择表设计器中的"字段"选项卡,在允许设置空值字段的最右侧"NULL"按钮上打√,单击"确定"按钮。然后浏览该表,在对应字段内按快CTRL+0(零)组合键即可完成NULL值输入。

NULL值在排序时具有最大的优先权,可以用于表达式和大多数的函数运算中;NULL值不改变变量或字段的数据类型,会影响命令、函数、表达式的执行。

【格式】 SELECT…FROM…WHERE <字段名> IS [NOT]NULL [AND 连接条件]

【说明】 在语句中不能写成"=NULL"或"! =NULL",因为空值不是一个确定的值,所以不能用"="这样的运算符进行比较。

【例6-39】 假设xsjy.dbf中存在xh字段为空值的学生,查询无法确定是否就业的学生信息。

结果如图 6-36 所示。其 SQL 命令如下。

```
SELECT * FROM xsjy WHERE xh IS NULL
```

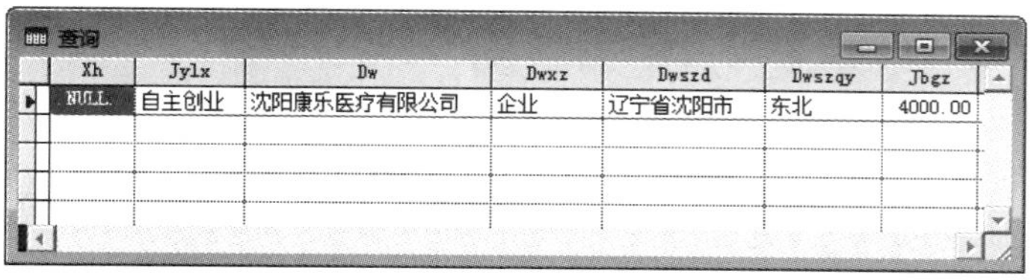

Xh	Jylx	Dw	Dwxz	Dwszd	Dwszqy	Jbgz
.NULL.	自主创业	沈阳康乐医疗有限公司	企业	辽宁省沈阳市	东北	4000.00

图 6-36 空值查询结果

6.4.10 查询去向

默认情况下 SQL 将查询输出到一个浏览窗口,用户在“SELECT”语句中可使用如下命令查询去向:

【格式】 [INTO < ARRAY 数组名|CURSOR <临时表名>|DBF <表名>|TABLE <表名>>|TO FILE <文件名>|TO SCREEN| TO PRINTER]

【说明】

- INTO ARRAY 数组名:将查询结果保存到一个数组中。
- INTO CURSOR <临时表名>:将查询结果保存到一个临时表中。
- INTO DBF <表名>|TABLE <表名>:将查询结果保存到一个永久表中。
- TO FILE <文件名>:将查询结果保存到文本文件中。如果带“ADDITIVE”关键字,查询结果以追加方式添加到<文件名>指定的文本文件;否则,以新建或覆盖方式添加到<文件名>指定的文本文件。
- TO SCREEN:将查询结果在屏幕上显示。
- TO PRINTER:将查询结果发送到打印机打印。

【例 6-40】 将 xs.dbf 中所有“02”班同学的查询信息输出到新表“02.dbf”中。

结果如图 6-37 所示。其 SQL 命令如下。

```
SELECT * FROM xs WHERE bj = "02" INTO DBF 02
BROWSE
```

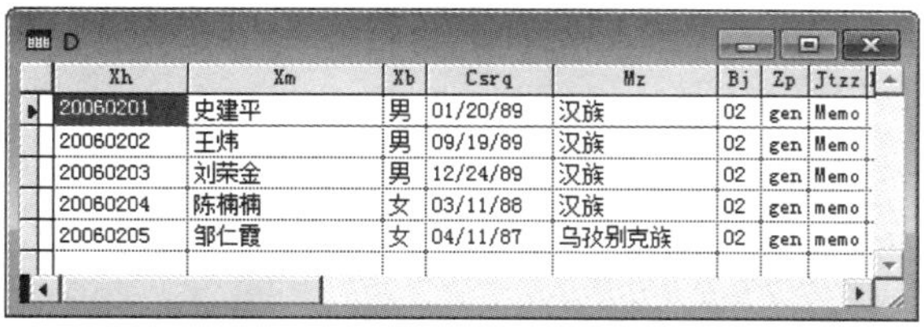

Xh	Xm	Xb	Csrq	Mz	Bj	Zp	Jtzz
20060201	史建平	男	01/20/89	汉族	02	gen	Memo
20060202	王炜	男	09/19/89	汉族	02	gen	Memo
20060203	刘荣金	男	12/24/89	汉族	02	gen	Memo
20060204	陈楠楠	女	03/11/88	汉族	02	gen	memo
20060205	邹仁霞	女	04/11/87	乌孜别克族	02	gen	memo

图 6-37 查询去向

本章小结

　　本章从实用的角度出发，向读者较全面地介绍了 SQL 语句的使用方法，包括用 SQL 实现对数据库、数据表的创建、修改、删除与查询等基本操作，尤其详细介绍了 SQL 的查询方法。

　　通过对本章的学习，读者能够体会到 SQL 与 Visual FoxPro 语言各自的特点和区别，随着读者对 SQL 研究的深入，更能感受到 SQL 强大且独特的魅力。

第7章
Visual FoxPro中的视图与查询

导学

内容与要求

本章介绍了在 Visual FoxPro 中使用视图和查询两种方式对数据库中的一个数据表或是多个相关联的数据表进行数据查询的操作方法,并根据本书提供的数据表制作相应实例。

视图的设计与应用介绍了使用本地视图向导和视图设计器两种不同方式建立视图的基本操作方法,并介绍了远程视图的概念。

查询的设计与应用介绍了使用查询向导与查询设计器建立查询的基本操作方法及其实例,并介绍了查询去向等操作。

视图与查询的特点及区别介绍了视图和查询的特点并进行了比较。

重点、难点

本章的重点是本地视图、查询的建立和使用方法,以及查询去向的几种输出形式。本章的难点是筛选条件的设置,以及在视图设计器和查询设计器中将表中不包含的数据以函数和表达式的形式添加到查询结果中。

Visual FoxPro 为用户提供了非常简单易行的数据查询操作,其查询结果和 SQL 语句相同,且结果可以体现的形式更加丰富。这一章介绍在 Visual FoxPro 中实现数据查询的方法:视图和查询。

视图是一个定制的虚拟逻辑表,只存放相应的数据逻辑关系,不保存表的记录内容,但可以在视图中改变记录的值,然后将更新的记录返回到源表。视图不能单独存在,只能从属于某个数据库。从数据库系统内部来看,一个视图是由 SELECT 语句定义的虚拟表;从数据库系统外部来看,视图就如同一张表一样,对表能够进行的一般操作都可以应用于视图,如查询、插入、修改和删除操作等。查询是从一个或多个相关联的表中提取用户所需的数据,并可以按指定方式进行输出。所以说,视图与查询可以从数据库中提取记录,尤其对多表数据库信息的查找及筛选提供了非常简便的方法。

7.1　视图设计与应用

　　根据数据来源的不同,视图可以分为本地视图和远程视图。本地视图直接从本地计算机的数据库表或其他视图中提取数据;远程视图可从支持开放数据库连接(Open Database Connectivity,ODBC)的远程数据源(例如网络服务器)中提取数据。还可以将一个或多个远程视图添加到本地视图中,以便能在同一个视图中同时访问本地数据库中的数据和远程ODBC数据源中的数据。

　　视图是操作表的一种手段,通过视图可以查询表,也可以更新表。视图是数据库中的一个特有功能,只有在数据库打开时,才能使用视图。视图具有如下优点。

　　(1) 提供数据库使用的灵活性。一个数据库可以为众多的用户服务,不同的用户对数据库中的不同数据感兴趣。按个人的需要来定义视图,可使不同用户将注意力集中在各自关心的数据上。

　　(2) 减少用户对数据库物理结构的依赖。引入视图后,当数据库的物理结构发生变化时,可以用改变视图的方法来替代应用程序的改变,从而减少了用户对数据库物理结构的依赖性。

　　(3) 支持网络应用。创建远程视图后,用户可直接访问网络上远程数据库中的数据。

　　本章使用的表包括 xs.dbf、kc.dbf、cj.dbf 和 xsjy.dbf。

7.1.1　使用本地视图向导创建本地视图

　　【例 7-1】 创建数据库"学生库.dbc",添加表 xs.dbf 和 cj.dbf,在数据库中创建视图"男生成绩",包含学号、姓名、性别、课程代号、成绩等信息,要求按学号升序排序。

　　操作步骤如下。

　　首先创建数据库"学生库.dbc",将表 xs.dbf 和 cj.dbf 添加进数据库中。

　　(1) 打开本地视图向导。

　　打开"本地视图向导"的方法有以下两种。

- 执行"文件"|"新建"命令,弹出"新建"对话框,选择"视图"单选按钮,单击"向导"按钮,弹出本地视图向导步骤 1 对话框。
- 在项目管理器窗口中,选择"数据"选项卡,选择"本地视图"类型,单击"新建"按钮,弹出"新建本地视图"对话框,单击"视图向导"按钮。

　　(2) 选择视图所需的字段。

　　在本地视图向导步骤 1 中,选择数据库"学生库.dbc"中的表 xs.dbf,将 xh、xm 和 xb 字段添加到"选定字段"列表框中,再选择表 cj.dbf,将 kcdm 和 cj 字段也添加到"选定字段"列有框中,如图 7-1 所示。

　　(3) 建立表 xs.dbf 和 cj.dbf 的连接。

　　在本地视图向导步骤 2 对话框中,选择表 xs.dbf 的 xh 字段和表 cj.dbf 的 xh 字段,单击"添加"按钮,如图 7-2 所示。

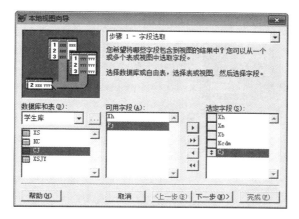

图 7-1　本地视图向导步骤 1

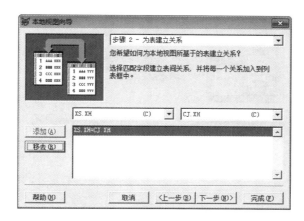

图 7-2　本地视图向导步骤 2

（4）选择连接方式。

在连接方式设置对话框中有 4 个按钮，分别对应 4 种连接方式，即内部连接、左连接、右连接和完全连接。连接条件类型和含义如表 7-1 所示。

表 7-1　连接条件类型及含义

连 接 类 型	含　义
内部连接（Inner Join）	只返回完全满足连接条件的记录（是最常用的连接类型）
左连接（Left Outer Join）	返回左侧表中的所有记录以及右侧表中相匹配的记录
右连接（Right Outer Join）	返回右侧表中的所有记录以及左侧表中相匹配的记录
完全连接（Full Join）	返回两个表中的所有记录

（5）设置筛选条件。

在本地视图向导步骤 3 对话框中设置筛选条件，这里设置为 xs. xb= "男"，如图 7-3 所示。

（6）设置排序字段。

在本地视图向导步骤 4 对话框中，选择字段 xh 升序作为排序依据，如图 7-4 所示。

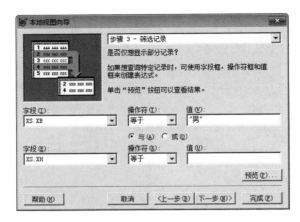

图 7-3　本地视图向导步骤 3

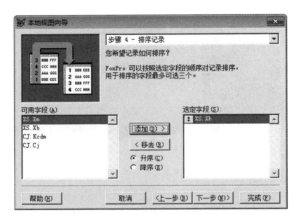

图 7-4　本地视图向导步骤 4

（7）限制视图输出的记录。

在本地视图向导步骤 4a 对话框中，选择记录输出的范围，这里选择"所有记录"单选按钮，如图 7-5 所示。

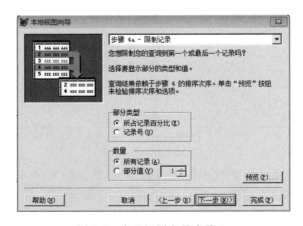

图 7-5　本地视图向导步骤 4a

（8）保存视图。

在本地视图向导步骤5对话框中，选择"保存本地视图"单选按钮，如图7-6所示。单击"完成"按钮，系统会弹出"视图名"对话框，输入视图名称（男生成绩）并单击"确定"按钮。

图7-6 本地视图向导步骤5

（9）浏览视图。

创建好视图后，在数据库设计器窗口中就能看到已经建立的视图。右击视图标题栏，在弹出的快捷菜单中执行"浏览"命令即可，如图7-7所示。

Xh	Xm	Xb	Kcdm	Cj
20060101	秦卫	男	0501	75
20060101	秦卫	男	0503	56
20060101	秦卫	男	4008	69
20060101	秦卫	男	4008	84
20060102	孔健	男	0501	91
20060102	孔健	男	0503	57
20060201	史建平	男	0501	89
20060201	史建平	男	0503	80
20060201	史建平	男	4008	86
20060202	王炜	男	0501	82
20060202	王炜	男	0503	81
20060202	王炜	男	4013	95
20060203	刘荣金	男	0501	92
20060203	刘荣金	男	0503	60
20060203	刘荣金	男	4008	84
20060303	沈倍平	男	0501	66
20060303	沈倍平	男	0503	66
20060303	沈倍平	男	4013	66
20060305	王欢	男	0501	77
20060305	王欢	男	0503	69

图7-7 浏览视图

7.1.2 使用视图设计器创建本地视图

【例7-2】 打开数据库"学生库.dbc"，利用其中的kc.dbf和cj.dbf创建视图"课程成绩"。通过该视图查询非选修课的成绩情况，要求按照课程代码分组，并按成绩降序排列。

操作步骤如下。

首先打开数据库文件"学生库.dbc"。

（1）进入视图设计器窗口。

进入视图设计器窗口有以下两种方法。

- 执行"文件"|"新建"命令，弹出"新建"对话框，选择"视图"单选按钮，单击"新建"按钮。
- 在项目管理器窗口中，选择"数据"选项卡，选中"视图"文件类型，单击"新建"按钮。

（2）添加需要的表或视图。

系统首先会弹出"打开"或"添加表或视图"对话框，在该对话框中用户可以选择需要的表或视图，这里选择 kc.dbf 表和 cj.dbf 表，单击"关闭"按钮，进入视图设计器窗口。视图设计器窗口有 7 个选项卡，不同的选项卡用于设置不同的内容。

（3）设置"字段"选项卡。

"字段"选项卡用于选择输出的字段，这里在"字段"选项卡中将 kc.dbf 中的 kcdm、kcmc、kss、sfxx 以及 cj.dbf 中的 cj、pj 这 6 个字段添加到"选定字段"列表框中，如图 7-8 所示。

①"可用字段"列表框：列出了被添加到"视图设计器"窗口中表的所有字段。

②"选定字段"列表框：在视图中包含的字段。

③"函数和表达式"文本框：可输入一个表达式或单击"…"按钮，弹出"表达式生成器"对话框，在此对话框中生成一个表达式作为一个计算列，并用"添加"按钮将其添加到"选定字段"列表框中。

④"添加"按钮：将"可用字段"列表框中选定的字段加入到"选定字段"列表框中。

⑤"全部添加"按钮：将"可用字段"列表框中的全部字段加入到"选定字段"列表框中。

⑥"移去"按钮：将"选定字段"列表框中选定的字段退回到"可用字段"列表框中。

⑦"全部移去"按钮：将"选定字段"列表框中的全部字段退回到"可用字段"列表框中。

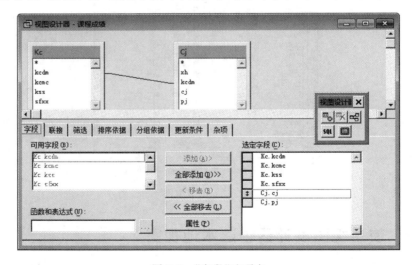

图 7-8 "字段"选项卡

（4）设置"联接"选项卡。

"联接"选项卡用于创建多表间的连接条件，如图 7-9 所示。

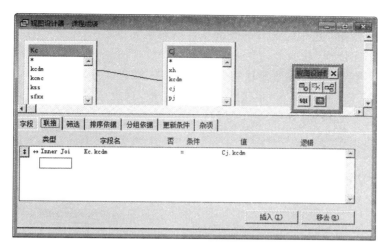

图 7-9　"联接"选项卡

①"类型"下拉列表框：可从 4 种连接中选择一种连接类型，连接类型及含义如表 7-1 所示，这里选择内部连接。

②"字段名"下拉列表框：父表的关联字段。

③"否"按钮：提示对条件求非。

④"条件"下拉列表框：用于选择比较运算符。

⑤"值"下拉列表框：子表的关联字段。

⑥"逻辑"下拉列表框：用于确定当前行与下行的逻辑关系，有无、AND 和 OR 3 种选择。

⑦"插入"按钮：用来将光标所在的行插入一种新的连接。

⑧"移去"按钮：用来移去光标所在行的连接。

（5）设置"筛选"选项卡。

"筛选"选项卡用于设置筛选条件，这里设置为：kc.sfxx＝.f.，如图 7-10 所示。该选项卡的操作与"联接"选项卡操作类似，不同的两项如下。

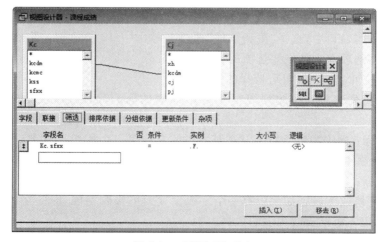

图 7-10　"筛选"选项卡

① "实例"选项：输入比较值。

② "大小写"按钮：选中时此行的查询条件值忽略大小写。

（6）设置"排序依据"选项卡。

"排序依据"选项卡用于设置排序字段，用户只需从"选定字段"列表中选择用于排序的字段，单击"添加"按钮将其加入到"排序条件"列表中，这里选择字段 kc. kcdm，在"排序选项"处选择"降序"单选按钮，如图 7-11 所示。

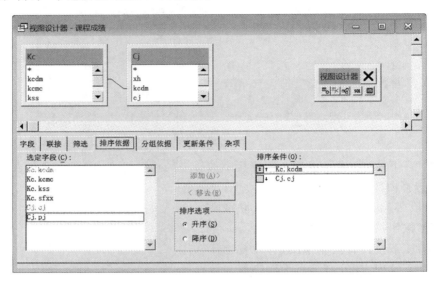

图 7-11　"排序依据"选项卡

（7）设置"分组依据"选项卡。

"分组依据"选项卡用于选择作为分组依据的字段。用户只需从"可用字段"列表框中选择用于分组的字段，单击"添加"按钮将其加入"分组字段"列表中。本例不设分组。

（8）设置"更新条件"选项卡。

在视图设计器窗口中，"更新条件"选项卡控制对数据源的修改方式（如更改、删除、插入），而且还可以控制对表的特定字段定义是否为可修改字段，并能对用户的服务器设置合适的 SQL 更新方法。

在视图设计器窗口中，选择"更新条件"选项卡，如图 7-12 所示。

"更新条件"选项卡中各主要选项的含义如下。

① "表"下拉列表框：设置可选择的源表。

② "字段名"列表框：在此列表框中显示源表的所有字段、标记关键字和可修改的字段。

③ 钥匙图标：标识关键字段列。在某字段的左边第一个按钮上单击，可设置或取消该字段为关键字。如果没有设置一个字段为关键字，则无法对源表进行更新。

④ 铅笔图标：标识可修改的字段列。在某字段的左边第二个按钮上单击，可以设置或取消该字段为可修改字段。如果没有一个字段设置为可修改字段，即使在"浏览"窗口中修改了字段的值，也不可能更改源表的数据。

⑤ "重置关键字"按钮：重新设置所有的关键字和可修改的字段。

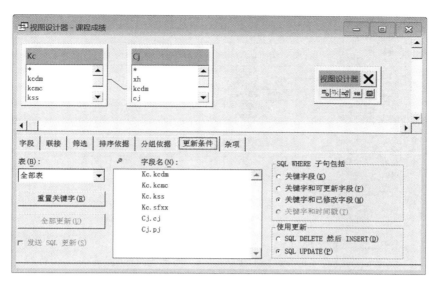

图 7-12 "更新条件"选项卡

⑥ "全部更新"按钮：使所有的字段都可以修改。

⑦ "关键字段"单选按钮：当源表中的关键字段被改变时，则更新操作失败。

⑧ "关键字和可更新字段"单选按钮：当源表中的关键字或任何被标记为可修改的字段被修改时，则更新操作失败。

⑨ "关键字和已修改字段"单选按钮：当源表中的关键字或任何被标记为可修改的字段被改变时，则更新操作失败。

⑩ "关键字和时间戳"单选按钮：如果从视图中抽取此记录后，远程数据表中此记录被改变时，则更新操作失败。

⑪ "SQL DELETE 然后 INSERT"单选按钮：采取先删除服务器上原始表的相应记录，然后由在视图中修改的值取代该记录的更新方式。

⑫ "SQL UPDATE"单选按钮：采取通过服务器支持的 SQL UPDATE 命令，用视图中字段的变化来修改服务器上原始表记录的更新方式。

（9）设置"杂项"选项卡。

"杂项"选项卡用于设置查询记录的输出范围。

（10）保存并浏览视图。

执行"文件"|"保存"命令，系统会显示一个是否保存视图提示对话框，输入"view1"为文件名，单击"保存"按钮。单击"运行"按钮，即可看到视图运行结果，如图 7-13 所示。

7.1.3 使用视图的有关操作

1. 创建视图

除了使用本地视图向导及视图设计器创建视图外，还可以使用 SQL 命令的方式创建。创建视图对应的 SQL 命令为：

CREATE VIEW 视图名称 AS SELECT 查询语句

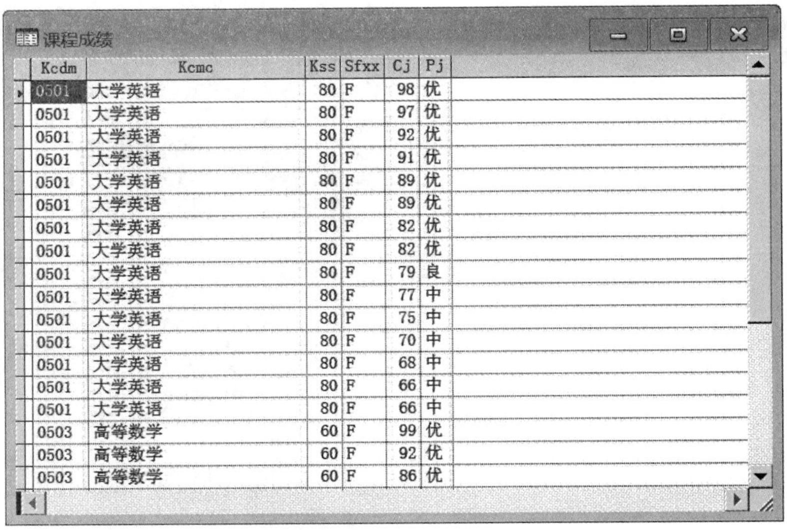

Kcdm	Kcmc	Kss	Sfxx	Cj	Pj
0501	大学英语	80	F	98	优
0501	大学英语	80	F	97	优
0501	大学英语	80	F	92	优
0501	大学英语	80	F	91	优
0501	大学英语	80	F	89	优
0501	大学英语	80	F	89	优
0501	大学英语	80	F	82	优
0501	大学英语	80	F	82	优
0501	大学英语	80	F	79	良
0501	大学英语	80	F	77	中
0501	大学英语	80	F	75	中
0501	大学英语	80	F	70	中
0501	大学英语	80	F	68	中
0501	大学英语	80	F	66	中
0501	大学英语	80	F	66	中
0503	高等数学	60	F	99	优
0503	高等数学	60	F	92	优
0503	高等数学	60	F	86	优

图 7-13　视图运行结果

2. 修改视图

在数据库设计器窗口中，右击要修改的视图窗口标题栏，在弹出的快捷菜单中选择“修改”命令，就能够进入视图设计器进行修改。

修改视图对应的 SQL 命令为：

```
ALTER VIEW 视图名称 AS SELECT 查询语句
```

3. 删除视图

在数据库设计器窗口中，右击要删除的视图窗口标题栏，在弹出的快捷菜单中选择“删除”命令，单击提示对话框中“移去”按钮即可删除。

删除视图对应的 SQL 命令为：

```
DROP VIEW 视图名称
```

4. 浏览视图

在数据库设计器窗口中，右击要浏览的视图窗口标题栏，在弹出的快捷菜单中选择“浏览”命令，就能够进入视图的浏览窗口。如果已经设置好更新条件，在浏览窗口可以修改数据。

浏览视图对应的 SQL 命令为：

```
SELECT * FROM 视图名称
```

5. 显示 SQL 语句

在视图设计器窗口中可用如下 3 种方式查看 SQL 语句。

(1) 单击“视图设计器”工具栏上的 SQL 按钮。

（2）右击视图设计器窗口，在弹出的快捷菜单中选择"查看 SQL"命令。

（3）执行"查询"|"查看 SQL"命令。

例如，在例 7-2 中已经创建好的"课程成绩"视图设计器窗口中，单击"视图设计器"工具栏上的 SQL 按钮，可以得到相应的 SQL 语句，如图 7-14 所示。

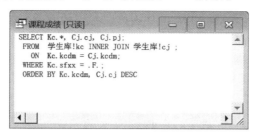

图 7-14　查看 SQL 语句

7.1.4　远程视图与连接

利用远程视图可以从远程数据库中选取满足条件的部分数据，而不用下载所有数据到本地计算机中。在建立远程视图之前，必须首先建立连接远程数据库的"连接"，从 ODBC 服务器上提取一部分数据，在本地对所选择的记录进行更改或添加后，其结果还可以返回到远程的数据源上。

创建远程视图的操作步骤如下。

（1）连接远程数据库。在打开一个本地数据库的前提下，单击"常用"工具栏中的"新建"按钮，弹出"新建"对话框，选择"连接"单选按钮，单击"新建文件"按钮，在弹出的"连接设计器"对话框进行设置，如图 7-15 所示。

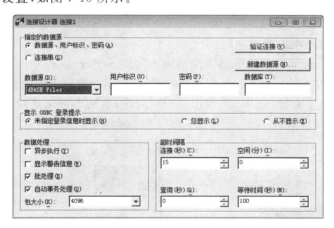

图 7-15　"连接 1"对话框

（2）创建远程视图。建立远程视图时，首先打开"选择连接或数据源"对话框，选择已经保存的连接，单击"确定"按钮即可弹出"构造连接"对话框。再选择数据源，打开视图设计器进行设置。使用视图设计器创建远程视图与创建本地视图的其他步骤相同。

7.2 查询设计与应用

查询可以从指定的一个或多个表中快速方便的读取数据。Visual FoxPro 提供了查询向导、查询设计器等方法实现根据检索条件来提取特定的记录。

在使用查询向导或查询设计器建立查询时，首先应该选定存储相应信息的表或视图，然后定义查询条件从表中或视图中抽取数据，再将查询的结果引导到相应的输出形式上。如浏览窗口、标签、报表、图表和表文件等。可以用带有 .qpr 扩展名的文件来保存设计好的查询，以备以后使用。

7.2.1 使用查询向导创建查询

【例 7-3】 利用查询设计器创建查询，从表 xs.dbf 和 cj.dbf 中查询女生的英语成绩，查询结果包括 xs.dbf 中的 xh、xm 和 xb 字段和 cj.dbf 中 kcdm、cj 和 pj 共 6 个字段，按 cj.cj 降序排列。最后将查询保存在"query 女生英语成绩.qpr"文件中，并运行该查询。

操作步骤如下。

（1）打开"向导选取"对话框。

打开"向导选取"对话框的方法有以下 3 种。

① 执行"工具"|"向导"|"查询"命令。

② 执行"文件"|"新建"命令，弹出"新建"对话框，选择"查询"单选按钮，单击"向导"按钮。

③ 在项目管理器窗口中，选择"数据"选项卡，选择"查询"，然后单击"新建"按钮，弹出"新建查询"对话框，单击"查询向导"按钮。

以上 3 种方法都将进入"向导选取"对话框，如图 7-16 所示。

在对话框中列出了"查询向导"、"交叉表向导"和"图形向导"3 种查询向导供用户选择，这里选择"查询向导"，单击"确定"按钮。

（2）选择查询结果中需要的字段。

查询向导步骤 1 对话框用于选择查询结果中需要的字段，各选项的说明如下。

① "数据库和表"下拉列表框。从中选择数据库，其下面的列表框中显示出对应此数据库的数据库表。也可以单击"浏览"按钮，弹出"打开"对话框，从中可以选择合适的数据库或表，这里选择 xs.dbf 中的 xh、xm 和 xb 字段和 cj.dbf 中 kcdm、cj 和 pj 6 个字段，如图 7-17 所示。

图 7-16 "向导选取"对话框

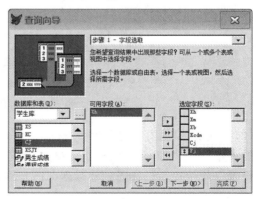

图 7-17 查询向导步骤 1

② "可用字段"列表框:列出左边选中表中所含的字段。

③ "选定字段"列表框:查询结果中的字段。

④ 右向单箭头按钮:将"可用字段"列表框中的选定字段加入到"选定字段"列表框中。

⑤ 右向双箭头按钮:将"可用字段"列表框中的全部字段加入到"选定字段"列表框中。

⑥ 左向单箭头按钮:将"选定字段"列表框中的选定字段退回到"可用字段"列表框中。

⑦ 左向双箭头按钮:将"选定字段"列表框中的全部字段退回到"可用字段"列表框中。

(3) 设置连接条件。

选择两张表的匹配关键字段建立关联,这里设置为:xs. xh＝cj. xh,如图 7-18 所示。

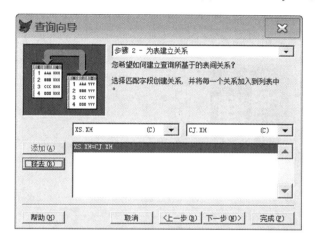

图 7-18　查询向导步骤 2

(4) 设置查询条件。

按查询要求建立条件表达式,筛选符合表达式的记录。单击"预览"按钮可浏览符合条件的记录,这里设置两个条件:xs. xb＝ "女"、cj. kcdm＝ "0501 ",两个条件是"与"的关系,如图 7-19 所示。

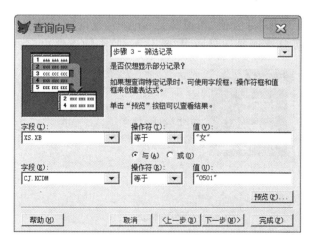

图 7-19　查询向导步骤 3

（5）设置排序依据。

查询向导步骤 4 对话框用于设置查询的排序依据，各选项的作用如下。

① "可用字段"列表框：列出可用以排序的字段。

② "选定字段"列表框：在查询中作为排序依据的字段。

③ "添加"按钮：将"可用字段"列表框中选定的字段加入到"选定字段"列表框中。

④ "移去"按钮：将"选定字段"列表框中选定的字段退回到"可用字段"列表框中。

⑤ "升序"单选按钮和"降序"单选按钮：确定"选定字段"列表框中选定字段在结果中以升序或降序显示。

这里设置为按 cj.cj 降序排序，如图 7-20 所示。

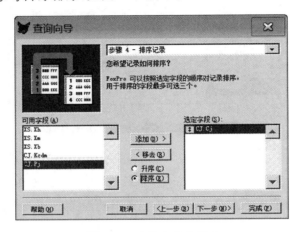

图 7-20　查询向导步骤 4

（6）设置记录输出范围。

在查询向导步骤 4a 对话框中可以限制记录的输出范围。在"部分类型"栏中有两个单选按钮："所占记录百分比"和"记录号"，用来设置"部分值"的类型。"数量"栏中也有两个单选按钮："所有记录"和"部分值"。如果"所有记录"单选钮被选中，查询结果将显示全部符合筛选条件的记录；如果"部分值"单选按钮被选中，查询结果只显示其中的一部分记录，"部分值"后的数值是百分比还是记录数由"部分类型"中的选项决定，如图 7-21 所示。

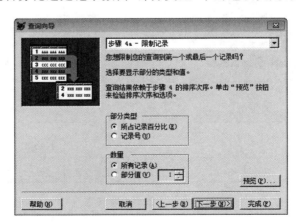

图 7-21　查询向导步骤 4a

（7）保存查询。

在查询向导步骤5对话框中,可选择一个单选按钮,确定向导完成后要做的操作,有3种操作的单选按钮可以选择,如图7-22所示。

①"保存查询"单选按钮:如果选择此按钮,单击"完成"按钮,将弹出"另存为"对话框。在"另存为"对话框中,设置文件保存路径,输入文件名"query女生英语成绩.qpr",单击"保存"按钮,文件被保存到路径下。

②"保存并运行查询"单选按钮:如果选择此按钮,则保存查询并立刻运行创建的查询,即可看到查询结果。

③"保存查询并在'查询设计器'修改"按钮:如果选择此单选按钮,则保存查询并进入"查询设计器"窗口。

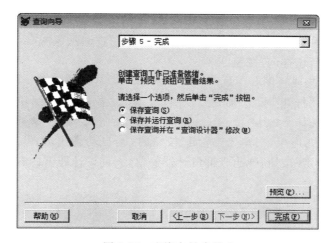

图 7-22　查询向导步骤5

（8）运行查询。

执行"程序"|"运行"命令,在"运行"对话框里选择查询文件"query女生英语成绩.qpr",单击"运行"按钮,运行结果如图7-23所示。

Xh	Xm	Xb	Kcdm	Cj	Pj
20060304	潘晖婧	女	0501	98	优
20060205	邹仁霞	女	0501	97	优
20060204	陈楠楠	女	0501	89	优
20060105	刘红霞	女	0501	82	优
20060301	刘吕燕	女	0501	79	良
20060104	吴玲玲	女	0501	70	中
20060302	陈韫倩	女	0501	68	中
20060103	阙正娴	女	0501	66	中

图 7-23　查询运行结果

7.2.2 使用查询设计器创建查询

【例7-4】 利用查询设计器创建查询,从 xs.dbf 和 xsjy.dbf 中查询男生的就业信息,查询结果依次包含 xs.dbf 中的 xh、xm、xb 3 个字段以及 xsjy.dbf 中的所有字段,查询结果按学号升序排列。查询去向为表 nsjy.dbf。最后将查询保存在"query男生就业.qpr"文件中,并运行该查询。

操作步骤如下。

(1) 打开"查询设计器"窗口。

打开"查询设计器"窗口有以下两种方法。

① 执行"文件"|"新建"命令,弹出"新建"对话框,选择"查询"单选按钮,单击"新建"按钮。

② 在项目管理器窗口中,选择"数据"选项卡,选择"查询",单击"新建"按钮,弹出"新建查询"对话框,单击"新建查询"按钮。

(2) 添加需要的表或视图。

系统首先会弹出"打开"或"添加表或视图"对话框,在该对话框中用户可以选择查询需要的表或视图,这里选择 xs.dbf 和 xsjy.dbf,如图 7-24 所示。两个表添加完毕,如果在 xs.dbc 中两个表没有建立连接,当单击"关闭"按钮时,会自动弹出如图 7-25 所示的"联接条件"对话框。单击"确定"按钮,弹出查询设计器窗口,查询设计器窗口有 6 个选项卡,不同选项用于设置不同的内容。

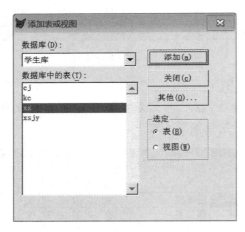

图 7-24 "添加表或视图"对话框

(3) 设置"字段"选项卡。

"字段"选项卡用于选择查询输出的字段,进入查询设计器窗口,首先显示的就是"字段"选项卡。在"字段"选项卡中选择字段,单击"添加"按钮将该表达式添加到"选定字段"列表框中,如图 7-26 所示。

① "可用字段"列表框:列出了被添加到"查询设计器"窗口中表的所有字段。

② "选定字段"列表框:在查询结果中显示的字段。

③ "函数和表达式"文本框:可输入一个表达式或单击"…"按钮,弹出"表达式生成

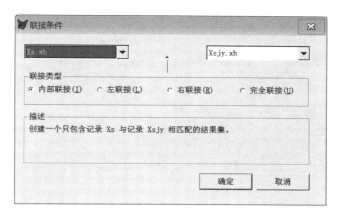

图 7-25 "联接条件"对话框

器"对话框,在此对话框中生成一个表达式作为一个计算列,并用"添加"按钮将其添加到"选定字段"列表框中。

④ "添加"按钮:将"可用字段"列表框中选定的字段加入到"选定字段"列表框中。

⑤ "全部添加"按钮:将"可用字段"列表框中的全部字段加入到"选定字段"列表框中。

⑥ "移去"按钮:将"选定字段"列表框中选定的字段退回到"可用字段"列表框中。

⑦ "全部移去"按钮:将"选定字段"列表框中的全部字段退回到"可用字段"列表框中。

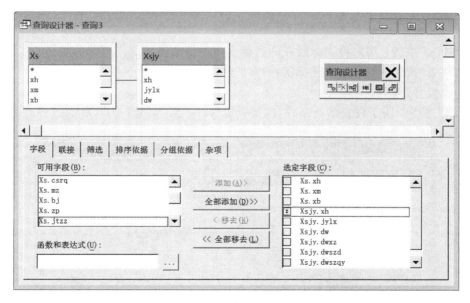

图 7-26 "字段"选项卡

(4) 设置"联接"选项卡。

"联接"选项卡用于创建多表间的连接条件,如图 7-27 所示。

① "类型"下拉列表框:可从 4 种连接中选择一种连接类型,连接类型及含义如表 7-1 所示,这里选择内部连接。

② "字段名"下拉列表框:父表的关联字段。

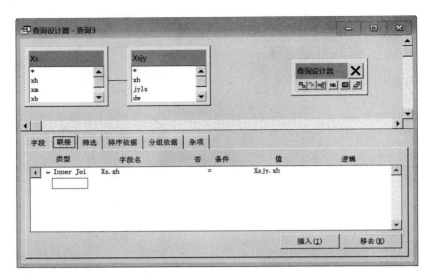

图 7-27 "联接"选项卡

③ "否"按钮：提示对条件求非。

④ "条件"下拉列表框：用于选择比较运算符。

⑤ "值"下拉列表框：子表的关联字段。

⑥ "逻辑"下拉列表框：用于确定当前行与下行的逻辑关系，有无、AND 和 OR 3 种选择。

⑦ "插入"按钮：用来将光标所在的行插入一种新的连接。

⑧ "移去"按钮：用来移去光标所在行的连接。

（5）设置"筛选"选项卡。

"筛选"选项卡用于设置筛选条件，这里设置 xb="男"，如图 7-28 所示。

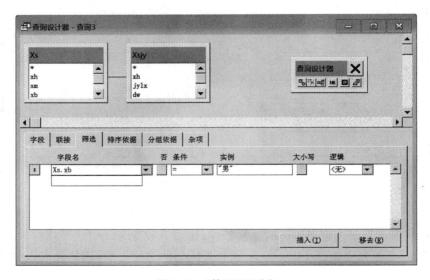

图 7-28 "筛选"选项卡

该选项卡的操作与"联接"选项卡操作类似,不同的两项如下。

① "实例"选项:输入比较值。

② "大小写"按钮:选中时此行的查询条件值忽略大小写。

(6) 设置"排序依据"选项卡。

"排序依据"选项卡用于设置查询的排序字段,用户只需从"选定字段"列表框中选择用于排序的字段,单击"添加"按钮将其加入到"排序条件"列表中,这里设置按学号升序排序,如图7-29所示。

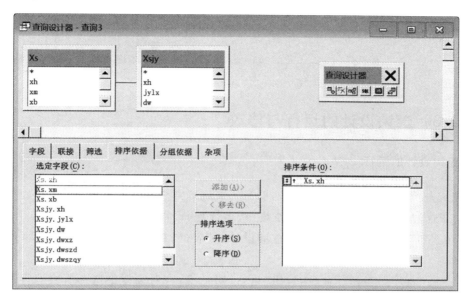

图7-29　"排序依据"选项卡

(7) 设置"分组依据"选项卡。

"分组依据"选项卡用于选择作为分组依据的字段。用户只需从"可用字段"列表框中选择用于分组的字段,单击"添加"按钮将其加入"分组字段"列表中。本例不设分组。

(8) 设置"杂项"选项卡。

"杂项"选项卡用于设置查询记录的输出范围。

(9) 设置查询去向。

执行"查询"|"查询去向"命令,在弹出的对话框中设置为表,表名为nsjy.dbf,如图7-30所示。

(10) 保存查询。

关闭查询设计器窗口,系统会显示一个是否保存查询提示对话框,单击"是"按钮,弹出"另存为"对话框。在"另存为"对话框中选择合适的路径并输入"query男生就业.qpr"文件名,单击"保存"按钮。

(11) 运行查询。

执行"程序"|"运行"命令,在"运行"对话框中找到文件"query男生就业.qpr",单击"运行"按钮。

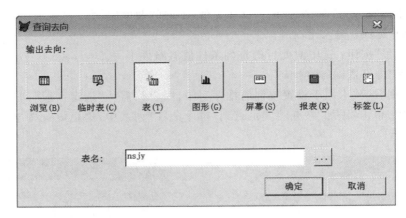

图 7-30 "查询去向"对话框

7.2.3 查询设计的运行与修改

1. 查询设计的运行

当完成查询设计后,就可以运行查询,运行查询的方法有以下 5 种。

(1) 在查询设计器窗口中,执行"查询"|"运行查询"命令。

(2) 在查询设计器窗口中,右击"查询设计器"窗口,在弹出的快捷菜单中执行"运行查询"命令。

(3) 执行"程序"|"运行"命令,弹出"运行"对话框,在对话框中选择所要运行的查询文件,单击"运行"按钮。

(4) 在项目管理器窗口中,选择要远行的查询文件,单击右边的"运行"按钮。

(5) 在"命令"窗口中,输入 DO <查询文件名>,例如:DO query 男生就业.qpr。

2. 查询设计的修改

查询设计的修改方法有以下 3 种。

(1) 在项目管理器窗口中,选择要修改的查询文件,单击右边的"修改"按钮,进入"查询设计器"窗口中修改。

(2) 执行"文件"|"打开"命令,在弹出的"打开"对话框中,选择所要修改的查询文件,单击"确定"按钮,进入查询设计器窗口中修改。

(3) 在命令窗口中,输入 MODIFY QUERY <查询文件名>。

3. 查询去向的设置

通常情况下,查询的结果将显示在浏览窗口中,Visual FoxPro 提供了丰富的查询去向。单击"查询设计器"工具栏中的"查询去向"按钮或执行"查询"|"查询去向"命令,弹出"查询去向"对话框。在【例 7-4】中,将查询去向设置为表 nsjy.dbf,如图 7-30 所示。

Visual FoxPro 共提供了 7 种查询去向,各项的含义如表 7-2 所示。

表7-2　查询去向

查询去向	含　义
浏览	直接在浏览窗口中显示查询结果
临时表	查询结果作为一个临时只读表存储
表	查询结果作为一个永久表存储
图形	查询结果以图形方式显示
屏幕	只把查询结果显示在主窗口或当前活动窗口中
报表	将查询结果输出到一个报表文件中
标签	将查询结果输出到一个标签文件中

4．查询设计器对应的SQL命令

查询设计器各选项卡分别对应的SQL命令如下。

- 选择输出字段：对应着SQL语句中的SELECT子句。
- 设置联接条件、设置筛选条件：对应着WHERE子句。
- 排序依据：对应着ORDER BY子句。
- 分组依据：对应着GROUP BY子句和HAVING子句的满足条件。
- 杂项：对应着DISTINCT、TOP等子句。

7.3　视图与查询的特点及区别

视图与查询在功能上有许多相似之处，它们都可以对表中数据设置筛选条件，排序及分组，但又有各自的特点。这一节将对视图和查询各自的特点做具体介绍，并比较二者的不同。

7.3.1　视图的特点

本章中的第一节，我们带领读者制作了两个视图的实例。下面对视图的特点进行总结。

- 视图是存在于数据库中的一个虚拟表，不以独立的文件形式保存。
- 由于视图必须依存于数据库，因此视图的数据源只能是数据库表或数据库中的另一个视图，而不能是自由表。
- 视图不仅可以访问本地数据源，还支持对远程数据源的访问。
- 视图中的数据是可以更改的，它不仅具有查询的功能，且可以把更新结果返回到源数据表中。
- 视图打开时，其基表自动打开，但视图关闭时，其基表并不随之自动关闭。

7.3.2　查询的特点

7.2节通过3个实例介绍了查询的具体用法。这里，我们为读者归纳总结查询在使用过程中的特点具体如下。

- 查询是独立存在的文件，扩展名为.qpr。

- 查询的数据源可以是数据库表、可以是视图，也可以是自由表。
- 查询有表、报表、图表等 7 种不同的输出去向。

7.3.3　视图和查询的区别

针对视图和查询在使用中各自的特点，可以从数据来源、文件的存在方式、数据的访问范围、是否可以更新源数据表以及输出去向等方面对二者进行对比，如表 7-3 所示。

表 7-3　视图和查询的区别

对 比 内 容	视 图	查 询
数据来源	数据库表、视图	自由表、数据库表、视图
存在方式	不是独立文件，需要保存在数据库中	保存为.qpr 文件，不从属于数据库
访问范围	本地数据、远程数据	本地数据
更新数据源表	能	不能
输出去向	只能用于浏览	7 种输出去向

需要注意的是，视图和查询设计器只能建立一些比较简单的查询，而复杂查询（如合并查询、嵌套查询等）就需要学习 SQL 语句来实现了。

本章小结

在 Visual FoxPro 中，视图与查询是检索和操作数据的两个基本手段，都可以用来从一个或多个相关联的数据表中提取有用的信息。视图兼有表和查询的特点，它可以更改数据源中的数据，但不能独立存在，必须依赖于某一个数据库。查询可以根据表或视图定义，它不依赖于数据库而独立存在，可以显示但不能更新由查询检索到的数据。本章着重讲解了在 Visual FoxPro 中视图与查询的建立方法，需要重点掌握的是视图与查询设计器的使用，理解视图与查询的区别。

第8章

Visual FoxPro中表单的应用

导学

内容与要求

表单(Form)是 Visual FoxPro 提供的建立应用程序的主要工具。表单是数据库系统流程控制的窗口,也是面向对象程序设计(Object-Oriented Programming,OOP)的重要基础。本章学习 Visual FoxPro 面向对象程序设计的基本概念与表单设计的方法、技巧。

面向对象程序设计的概念:了解对象和类的概念,类的特点;熟悉属性、事件与方法的概念,熟悉 Visual FoxPro 基类,容器类和控件子类和父类;掌握事件的触发,对象的引用方法,对象属性的设置。

创建表单:熟悉表单向导和表单设计器的使用;掌握表单的数据环境及其属性的设置。

表单控件:掌握表单的组成和设计方法。

自定义类:掌握用户自定义类的创建与修改;熟悉类的应用。

重点、难点

本章的重点是面向对象的基本概念,表单设计的常用控件使用方法。本章的难点是 Visual FoxPro 表单实例的设计方法,自定义类的设计与使用。

面向对象程序设计是当前程序设计方法的主流,是程序设计在思维方式、方法上的一次巨大进步,是以一种更自然、更合理的方式来组织和设计软件。

8.1 面向对象程序设计的概念

利用面向对象方法设计程序,可以方便地将对象组装成应用程序,而不必关心每一个对象的细节;程序代码书写更加精练;代码的维护和代码的重复使用更加方便,适宜构造大型程序。

8.1.1 对象与类

对象与类是面向对象程序设计中两个最基本的概念。

1．对象

对象（Object）是指客观世界中具体的实体。可以把一名学生或者一辆汽车看作是一个对象。一个对象还可以包含其他的对象，这样的对象叫做容器对象。例如汽车可以包含发动机、车轮等对象。每个对象都具有自己不同的属性、事件和方法。例如一辆汽车是黑色的、可以乘坐 4 个人等，这是汽车的属性；汽车可以前进、后退，这是汽车的事件和方法。

2．类

类（Class）是一组具有相同特性的对象的性质描述。例如，可以将所有的电话看作一个类，它们都具有话筒和听筒，具备传递语音的功能，而某一部具体的电话机就是该类中的一个对象或实例。在 Visual FoxPro 中，类就是对象的框架和模板，定义了对象所拥有的属性、事件和方法。用户可以在类的基础上生成具有相同性质的很多对象。这些对象彼此之间是相互独立的。例如，移动电话、无绳电话机都是从电话类中创建的具体对象，它们之间是相互独立的。

3．Visual FoxPro 基类

基类（Base Class）是 Visual FoxPro 提供的一系列基本对象类。进行面向对象的程序设计或创建应用程序，必然要用到 Visual FoxPro 提供的基类。Visual FoxPro 基类是系统本身内含的、并不存放在某个类库中。用户可以基于基类生成所需要的对象，也可以扩展基类创建自己的类。

Visual FoxPro 的基类可以分为容器类与控件类。

1）容器类

容器（Container）类是能够包含其他对象的类。容器对象称为父对象，其包含的对象称为子对象。例如，表单对象作为容器，可以包含命令按钮、文本框、列表框等子对象。容器内还可以包含容器类对象，例如表单容器内包含表格、页框、命令按钮组等容器类对象。表 8-1 列出了 Visual FoxPro 中常用的容器类。

表 8-1　Visual FoxPro 中常用的容器类

容器类名	含　义	说　明
Column	（表格）列	可以容纳表头等对象，但不能容纳表单、表单集、工具栏和计时器
Command Button Group	命令按钮组	只能容纳命令按钮
Form	表单	可以容纳页框、容器控件、容器或自定义对象
FormSet	表单集	可以容纳表单、工具栏
Grid	表格	只能容纳表格列
Option Button Group	选项按钮组	只能容纳选项按钮
page	页	只能容纳控件、容器和自定义对象
PageFrame	页框	只能容纳页
ToolBar	工具栏	可容纳任意控件、页框和容器

2）控件类

控件（Control）是指包含容器类内的一个图形化的、能与用户进行交互的对象。控件类

不能容纳其他对象。例如,命令按钮、复选框、文本框、标签等为控件对象。表 8-2 列出了 Visual FoxPro 中常用的控件类。

表 8-2　Visual FoxPro 中常用的控件类

控件类名	含　　义	说　　明
CheckBox	复选框	创建一个复选框
ComboBox	组合框	创建一个组合框
Command-Button	命令按钮	创建一个单一的命令按钮
EditBox	编辑框	创建一个编辑框
Image	图像	创建一个显示.bmp 文件的图像控件
Label	标签	创建一个用于显示正文内容的标签
Line	线条	创建一个能够显示水平线、垂直线或斜线的控件
ListBox	列表框	创建一个列表框
Option—Button	选项按钮	创建一个单一的选项按钮
Shape	形状	创建一个显示方框、圆或者椭圆的形状控件
Spinner	微调	创建一个微调按钮
TextBox	文本框	创建一个文本框
Timer	计时器	创建一个能够规则的执行代码的计时器

4. 继承与子类

继承是指在基于现有的类创建新类时,新类继承了现有类里的方法和属性,并且可以为新类添加新的方法和属性。新类可以称为现有类的子类,而把现有类称为新类的父类。一个子类的成员一般包含:从其父类继承的成员,包括属性、方法;由子类自己定义的成员,包括属性、方法。

继承可以使其父类进行的改动自动反映到它的所有子类上。这种自动更新节省了用户的时间和精力。例如,当为父类添加一个属性时,它的所有子类也将同时具有该属性。同样,当修复了父类中的一个缺陷时,这个修复也将自动体现在它的全部子类中。

容器类对象与控件类对象的主要区别是:容器类对象可以包含其他对象,控件类对象是一个单一而独立的部件。

8.1.2　属性、事件与方法

不同的对象具有不同的属性、事件与方法。可以把属性看作是对象的特征,把事件看作是对象能够响应和识别的动作,把方法看作是对象的行为。

1. 属性

属性(Property)用来表示对象的特征。对学生这一对象来说,学号、姓名、性别都可以看作是对象的属性。对一段文本可以用文本内容、字型、字体、字号、段落格式等属性来进行描述。以 Visual FoxPro 中的命令按钮为例,它的位置、大小、颜色等状态,都可用属性来表示。表 8-3 列出了 Visual FoxPro 命令按钮的常用属性。

表 8-3　Visual FoxPro 命令按钮的常用属性

属　　性	说　　明
Caption	命令按钮上显示的文本
FontName	命令按钮上文本的字体
FontSize	命令按钮上文本的尺寸
ForeColor	命令按钮上文本的颜色

一个对象在创建以后,它的各个属性就具有了默认值,在 Visual FoxPro 程序设计中,可以通过对象的属性窗口为对象设置属性值,也可以用命令方式对某个对象的属性值进行设置。为对象设置属性的命令格式如下。

【格式】　<对象引用>.<属性>＝<属性值>

【例 8-1】　将当前表单的标签 Label1 设置为楷体、28 号、加粗,内容为"欢迎学习 Visual FoxPro"。

相应的命令如下。

```
Thisform.label1.FontName = "楷体"
Thisform.label1.FontSize = 28
Thisform.label1.FontBold = .T.
Thisform.label1.Caption = "欢迎学习 Visual FoxPro"
```

2. 事件

事件(Event)指由用户或系统触发的一个特定的操作。例如,单击命令按钮,将会触发一个命令按钮的 Click 事件。一个对象包含有很多个系统预先规定的事件。一个事件对应于一个程序,称为事件过程。事件一旦被触发,系统就会去执行与该事件对应的过程。过程执行结束后,系统重新处于等待某事件发生的状态,这种程序执行方式称为应用程序的事件驱动工作方式。

事件包括事件过程和事件触发方式两方面。事件过程的代码应该事先编写好。事件触发方式可分为 3 种:由用户触发,例如单击命令按钮事件;由系统触发,例如计时器事件,将自动按设定的时间间隔发生;由代码触发,例如,用代码来调用事件过程。如果没有为对象的某些事件编写程序代码,当事件发生时系统将不会发生任何操作。例如,在命令按钮的 Click 事件不编写程序代码,用户即使单击该按钮,也不会产生任何操作。表 8-4 列出了 Visual FoxPro 中常用的事件。

表 8-4　Visual FoxPro 中常用的事件

事　　件	触发时机	事　　件	触发时机
Init	创建对象时	Destroy	释放一个对象时
Load	创建对象前	MouseUP	释放鼠标键时
RightClick	单击鼠标右键时	MouseDown	按下鼠标键时
Activate	对象激活时	KeyPress	按下并释放某键盘键时
GotFocus	对象得到焦点时	Valid	对象失去焦点前
Click	单击鼠标左键时	LostFocus	对象失去焦点时
DblClick	双击鼠标左键时	Unload	释放对象时
Error	当方法程序存在运行错误时	InteractiveChange	使用键盘或鼠标更改控件时

3. 方法

方法(Method)是指对象的行为或动作,方法程序(Method Program)是 Visual FoxPro 为对象内定的通用过程,能使对象执行一个操作。方法程序过程代码由 Visual FoxPro 定义,对用户是不可见的。表 8-5 列出了 Visual FoxPro 中一些常见的方法。

表 8-5　Visual FoxPro 中部分常见的方法

方　　法	用　　途
Clear	清除控件中的内容
Hide	隐藏表单、表单组或工具
Line	在表单对象上画一条线
ReadMethod	返回一个方法中的文本
Refresh	刷新表单或控件的所有数据
Release	从内存中释放表单或表单集
SetFocus	使指定控件获得焦点
Show	显示指定表单

方法程序是对象能够执行的操作,是与对象紧密相关的一个程序过程。如果一个对象已经建立,就可以在应用程序中执行该方法对应的过程。

【格式】　<对象引用>.<方法>

【例 8-2】　打开当前表单,使表单中的文本框 Text1 获得焦点,然后刷新表单,并且在按任意键后释放表单。

```
Thisform.Text1.Setfocus          && 使文本框 Text1 获得焦点
Thisform.Refresh                 && 刷新表单
Wait                             && 按任意键后继续
Thisform.Release                 && 释放表单
```

4. 对象引用

在面向对象的程序设计中常常需要引用对象,或引用对象的属性、事件与方法程序。在 Visual FoxPro 中,对象的引用有两种方式:相对引用和绝对引用。

(1)绝对引用:从最高容器开始逐层向下直到某个对象为止的引用。

(2)相对引用:从当前对象出发,逐层向高一层或低一层直到另一个对象的引用。使用相对引用常用到如表 8-6 所示的属性或关键字。

表 8-6　Visual FoxPro 中相对引用常用到的属性或关键字

属性或关键字	引　　用
Parent	当前对象的直接容器对象
This	当前对象
Thisform	当前对象所在的表单
ThisFormSet	当前对象所在的表单集

【例 8-3】　在当前表单中有一个命令按钮组 Commandgroup1,该命令按钮组有两个命令按钮 Command1 和 Command2。

如果在命令按钮 Command1 的 Click(单击)事件代码中修改该按钮的标题可以使用如下命令。

```
This.Caption = "确定"                                    && 相对引用
```

如果在命令按钮 Command1 的 Click(单击)事件代码中修改按钮 Command2 的标题可以使用如下命令。

```
Thisform.Commandgroup1.Command2.Caption = "取消"        && 绝对引用
```

或者

```
This.Parent.Command2.Caption = "取消"                    && 相对引用
```

8.2　创建表单

创建表单的过程,就是定义控件的属性,确定事件或方法、代码的过程。通过对表单的创建和设计可以有效地提高编程效率。

8.2.1　表单的基本操作

1．生成表单的方法

(1)使用表单向导。
(2)使用表单设计器创建新表单或修改已有的表单。
完成表单的设计工作后,可以将其保存起来供以后使用。表单文件的扩展名为.scx。

2．保存表单的方法

(1)在表单设计器中,执行"文件"|"保存"命令。
(2)按 Ctrl+W 组合键。
(3)单击表单设计器窗口的"关闭"按钮,或执行"文件"|"保存"命令。

3．运行表单的方法

(1)单击表单设计器工具栏上的"运行"按钮。
(2)在项目管理器中选择要运行的表单,单击"运行"按钮。
(3)使用命令：Do Form　<表单文件名>。
(4)当表单设计器窗口尚未关闭时,可右击表单的空白处,在弹出的快捷菜单中执行"运行"命令。

8.2.2　使用表单向导

表单向导可以引导用户选择数据库中的某个表,创建用于数据表维护的表单。

打开"向导选取"对话框的方法如下。

（1）执行"文件"|"新建"命令，在弹出的"新建"对话框中选择"表单"单选按钮，然后单击"向导"按钮。

（2）执行"工具"|"向导"|"表单"命令。

（3）在项目管理器中选择"文档"选项卡并选择"表单"，单击"新建"按钮，在弹出的"新建表单"对话框中单击"表单向导"按钮，如图8-1所示。

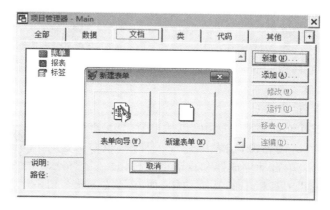

图 8-1　在项目管理器中打开表单向导

8.2.3　使用表单设计器

用表单向导生成表单，虽然简便，但它只能按固定的模式产生结果，往往不能满足实际需要。使用表单设计器可以在表单内添加需要的各种控件，设置相关的属性，并可根据需要方便地为表单及其中的控件编写程序，从而创建出各种复杂、实用的用户界面。

1. 启动表单设计器

可以用以下3种方式启动表单设计器，并同时打开表单设计器窗口，如图8-2所示。

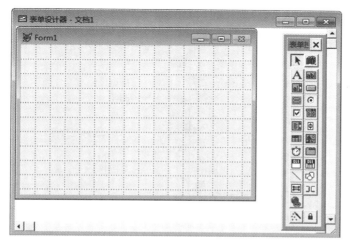

图 8-2　表单设计器窗口

(1)执行"文件"|"新建"命令,在弹出的"新建"对话框中选择"表单"单选按钮,单击"新建文件"按钮。如果是修改表单,则执行"文件"|"打开"命令,在"打开"对话框中选择要修改的表单文件名,单击"打开"按钮。

(2)在项目管理器中,选择"文档"选项卡后,再选择"表单",单击"新建"按钮。若是修改表单,选择要修改的表单,单击"修改"按钮。

(3)在命令窗口中执行 Create Form 命令。

2.表单设计工具

表单设计器启动后,在 Visual FoxPro 窗口中会出现表单设计工具,包括"表单设计器"工具栏、"表单控件"工具栏、"布局"工具栏、"属性"窗口等。此外,还在主菜单中增加一个"表单"菜单。

1)"表单设计器"工具栏

"表单设计器"工具栏如图 8-3 所示,包括设置 Tab 键次序、数据环境、属性窗口、代码窗口、表单控件工具栏、布局工具栏、调色板工具栏、表单自动生成器和自动格式按钮。

图 8-3 "表单设计器"工具栏

单击"表单设计器"工具栏上的某个按钮,使其呈按下状态,即可打开对应的窗口或工具栏;再次单击使其呈弹起状态,即可关闭对应的窗口或工具栏。而"表单设计器"工具栏本身可以通过执行"显示"|"工具栏"命令打开和关闭。

当表单运行时,用户可以按 Tab 键选择表单中的控件,使标点在控件间移动。控件的 Tab 次序决定了选择控件的次序。

2)"表单控件"工具栏

"表单控件"工具栏如图 8-4 所示,在一个表单上可以通过"表单控件"工具栏安置各种类型的对象,如表单上的按钮、列表框等。方法是:在表单控件工具栏中选择要添加控件的

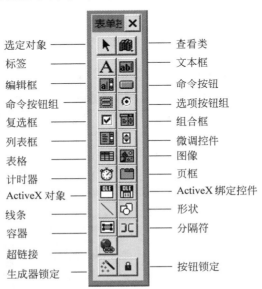

图 8-4 "表单控件"工具栏

对应按钮,然后在表单窗口的适当位置单击或拖动鼠标。

为了使表单看起来美观,对表单上创建的控件常常需要进行移动、改变大小、删除等操作。要对一个控件进行调整时必须先选中该控件,使控件的周围出现 8 个控制点(小方块)后,才能对该控件进行移动、改变大小、删除等操作。

3) 属性窗口

属性窗口如图 8-5 所示。在对象下拉列表框中,显示了当前表单以及表单中所有对象的名称,可在下拉列表框中选择一个对象,或者在表单上选择一个对象。选择不同的对象时,因为不同的对象具有不同的属性,所以在属性窗口显示的内容也不同。

图 8-5 属性窗口

在各个选项卡的下面有一个属性设置框,在属性列表框中选择不同的属性时,该属性的值就显示在属性设置框里,用户可以直接在属性设置框中输入一个新的值或表达式,在输入表达式时,要以"="开头。

在属性窗口更改某属性的值后,新的属性值在属性列表框中以"黑体"字表示以区别其他未更改的属性值,同时,在表单和表单对象上显示出更新后的结果。用"斜体"字显示的属性表示该属性的值不能更改。对于事件或方法程序属性,可以用鼠标双击打开代码编写器,为相关的事件或方法编写程序代码。

4) "布局"工具栏

"布局"工具栏如图 8-6 所示,用于对齐、放置控件以及调整控件大小。例如,在选定表单的若干个控件后,单击"布局"工具栏中的"左边对齐"按钮,就可以使选中的各个控件靠左边对齐。若单击布局工具栏中的"相同大小"按钮,就可以使选中的各控件的尺寸具有相同大小。

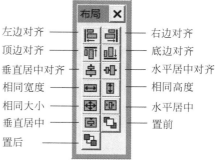

图 8-6 表单"布局"工具栏

3. 设置表单的数据环境

表单的数据环境包括与表单进行交互的表、视图和表单所需要的表与表之间的关系。

使用数据环境可以方便地在打开或运行表单时,自动打开表或视图;在关闭或释放表单时自动关闭表。

1)打开数据环境设计器

在表单设计器环境下,单击"表单设计器"工具栏上的"数据环境"按钮或执行"显示"|"数据环境"命令,又或右击表单的空白,在弹出的快捷菜单中执行"数据环境"命令,均可打开数据环境设计器。数据环境设计器打开后,在 Visual FoxPro 系统菜单中会自动增加一个"数据环境"菜单。

2)数据环境的属性

单击数据环境窗口,属性窗口会显示数据环境的所有属性。常用的两个数据环境属性是 AutoOpenTables 和 AutoCloseTables,它们的默认值都为 .T.。如果将 AutoOpenTables 属性设置为 .F.,表示在表单运行时,数据环境中的表或视图不自动打开;如果将 AutoCloseTables 属性设置为 .F.,表示在表单关闭时,数据环境中的表或视图不自动关闭。

3)向数据环境添加表或视图

在数据环境设计器环境下,向数据环境添加表或视图的方法是:执行"数据环境"|"添加"命令,或右击数据环境设计器窗口,在弹出的快捷菜单中选择"添加"命令,弹出"添加表或视图"对话框,如图 8-7 所示。用户可以将表或视图添加到数据环境设计器窗口中。

表添加后,若两个表原已存在永久关联,则在两个表之间会自动显示表示关联的连线。用户也可以在两个表之间添加或删除关系连线。添加连线(在两个表之间建立关联)的方法是:在数据环境设计窗口中,从父表的字段拖到子表的索引。删除连线(解除关联)的方法是选中连线后,按 Delete 键。

图 8-7　"添加表或视图"对话框

4)从数据环境中移去表或视图

在数据环境设计器窗口中,选择要移去的表或视图,执行"数据环境"|"移去"命令。也可以右击要移去的表或视图,在弹出的快捷菜单中选择"移去"命令。

4. 表单生成器

在表单设计环境下,可以调用表单生成器方便、快速地产生表单,如图 8-8 所示。调用表单生成器的方法有以下 3 种。

(1)执行"表单"|"快速表单"命令。

(2)单击"表单设计器"工具栏中的"表单生成器"按钮。

(3)右击表单窗口,在弹出的快捷菜单中选择"生成器"命令。

在"表单生成器"对话框中,用户可以选择相关表和字段,这些字段将以控件形式添加到表单上,在"样式"选项卡中可以为添加的字段选择它们在表单上的显示样式。

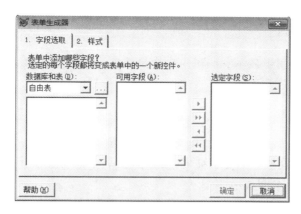

图 8-8　"表单生成器"对话框

8.3　表单控件

本节中详细介绍了表单常用的控件及其属性、事件和方法,熟练掌握这些知识,就可以开始设计比较实用的应用软件了。

8.3.1　标签

标签(Label)控件在表单设计中常用于显示提示信息或说明信息。如果要在表单上创建一个标签控件,只需要单击"控件"工具栏中的"标签"按钮,然后在表单中合适的位置单击即可。下面介绍标签控件的一些属性。

1. Caption 属性

Caption 属性指定标签控件上所显示的文本。我们可以通过标签的属性窗口来修改标签的 Caption 属性值,也可以通过程序代码来修改。例如:

```
Thisform.Label1.Caption = "学生管理系统"
```

2. Alignment 属性

Alignment 属性指定标题在标签区域内显示的对齐方式。对不同的控件,该属性的设置情况不同。对于标签来说,属性的设置值如表 8-7 所示。

表 8-7　Alignment 属性的设置值

设置值	说　　明
0	(默认)左对齐,文本显示在区域的左边
1	右对齐,文本显示在区域的右边
2	中央对齐,将标题居中排放,使左右两边的空白相等

8.3.2　文本框

文本框(TextBox)用于显示和编辑一个变量或者一个字段的值。默认的输入类型为字符型,最大长度为 256 个字符。

1. 文本框的属性、事件和方法

(1) ControlSource 属性:指定与对象绑定的数据源。一般是指一个变量或数据库中某数据表的字段。例如,对于一个文本框来说,指定一个变量为其控制源,那么在文本框中输入的数据就会存储到这个变量中。

在设计表单时,打开对象的属性窗口找到 ControlSource 属性,输入相应的变量或字段名即可。例如,在程序中要将文本框 Text1 中所输入的数据存储在变量“姓名”中,只需将 Text1 的控制源设为姓名即可。实现的语句为:

`Text1.ControlSource = 姓名`

(2) Value 属性:用来指定文本框的值,并在框中显示出来。

(3) InputMask 属性:指定每个字符输入时必须遵循的规则。

(4) PasswordChar 属性:指定显示用户输入的是字符还是显示占位符。

(5) ReadOnly 属性:文本框的文本只读。

(6) 设置焦点方法(Setfocus):将焦点放到控件上。

一个控件获得了焦点,就可以对它进行输入操作。焦点可以通过用户操作来获得,例如按 Tab 键切换对象或用鼠标单击激活对象等;也可以通过代码方式来获得,例如 Thisform.Text1.SetFocus 可以使表单的 Text1 文本框获得焦点。

2. 文本框生成器

文本框生成器是设置属性的向导,使用它为控件设置常用的属性非常方便。打开文本框生成器的方法是:将鼠标指向对象并右击,在弹出的快捷菜单中执行“生成器”命令。文本框生成器包含格式、样式、值等 3 个选项卡。

1)“格式”选项卡

“格式”选项卡主要是供用户设定文本框的各种格式,以及输入掩码的类型,如图 8-9 所示。

该选项卡包含的控件功能如下。

(1)“数据类型”组合框:用于指定文本框的类型。组合框中含有 4 个选项:数值型、字符型、日期型、逻辑型。

(2)“在运行时启用”复选框:指定表单在运行时文本框能否使用,默认值为可用。该复选框对应于文本框的 Enabled 属性。

(3)“使其只读”复选框:选择该复选框,则表单运行时文本框的内容无法修改。该复选框对应于文本框的 ReadOnly 属性。

(4)“隐藏选定内容”复选框:该复选框用于设定当文本框失去焦点时,文本框中所选定数据的状态是否被保持。若选择该复选框,当文本框失去焦点时,框中数据的选定状态就

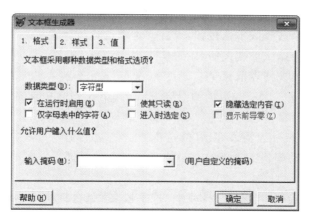

图 8-9 "格式"选项卡

被取消；若取消该复选框的选择，文本框中所选定数据将保持选定状态。

（5）"仅字母表中的字符"复选框：选择该复选框，文本框的值只能由若干个字母组成，而不能出现字母以外的其他字符。该复选框只适用于字符型数据。

（6）"进入时选定"复选框：选择该复选框，表示当非空的文本框获得焦点时，框中的数据被选中。

（7）"显示前导零"复选框：该复选框只适用于数值型数据，选择它表示能显示数值中小数点左边的零。

（8）"输入掩码"组合框：用于设置数值型、字符型或逻辑型字段的用户输入格式。用户也可以通过设置文本框的 InputMask 属性来设置输入掩码。

2）"样式"选项卡

"样式"选项卡主要用于设置文本框的外观、边框和字符的对齐方式，如图 8-10 所示。

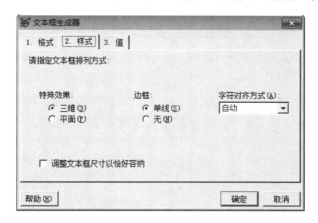

图 8-10 "样式"选项卡

该选项卡包含的控件功能如下。

（1）"特殊效果"单选按钮组。

"三维"单选按钮：选择该单选按钮，设置文本框的外观为三维形式，有一定的立体感。

"平面"单选按钮：选择该单选按钮，设置文本框的外观为平面形式。

（2）"边框"单选按钮组。

"单线"单选按钮：选择该单选按钮，设置文本框的边框为单线。

"无"单选按钮：选择该单选按钮，设置文本框无边框。

（3）"字符对齐方式"列表框。

该列表框用于指定文本框中数据的对齐方式，其下拉列表中包括左对齐、右对齐、居中对齐、自动 4 个选项。

（4）"调整文本框尺寸以恰好容纳"复选框。

该复选框用于自动调整文本框的大小使其恰好容纳数据。

3）"值"选项卡

用户可使用"值"选项卡（见图 8-11）中的"字段名"组合框中的列表来指定表或视图中的字段，等同于设置文本框的 ControlSource 属性进行数据绑定。

【例 8-4】 设计一个通用登录界面，如图 8-12 所示。当用户输入用户名和密码后单击"确认"按钮，检验输入是否正确。如果输入正确，就显示"欢迎使用本系统"；如果输入错误，显示"用户名或密码不对，请重新输入！"；如果 3 次输入错误，显示"用户名或密码错误，登录失败！"并关闭表单。设定用户名为"admin"，密码为"123456"。

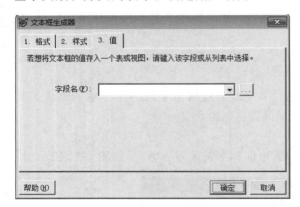

图 8-11   "值"选项卡

图 8-12   登录界面

操作步骤如下。

（1）打开表单设计器，在表单上设计 2 个标签，2 个文本框和一个命令按钮。

（2）将表单各控件进行布局，并设置标签与命令按钮的 Caption 属性为"用户名"、"密码"和"确认"。

（3）将命令按钮"确认"的 Default 属性值设置为. T. 。文本框"密码"的 InputMask 属性值为 999999，PasswordChar 属性值为" * "。

（4）执行"表单"|"新建属性"命令，在"新建属性"对话框中为表单添加新属性 NMC。在属性窗口中，将默认值设置为 0，如图 8-13 所示。

（5）在"确认"按钮的 Click 过程中，编写代码如下。

```
If ThisForm.Text1.Value = "admin" and ThisForm.Text2.Value = "123456"
    wait "欢迎使用本系统" Window TimeOut 1
    ThisForm.Release
Else
```

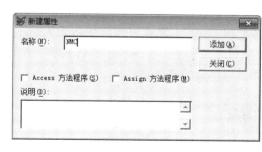

(a) "新建属性"对话框

(b) 属性窗口

图 8-13 "新建属性"对话框和属性窗口

```
ThisForm.nmc = ThisForm.nmc + 1
If ThisForm.nmc = 3
    wait "用户名或密码错误,登录失败!" Window TimeOut 1
    ThisForm.Release
Else
    wait "用户名或密码错误,请重新输入!" Window TimeOut 1
Endif
Endif
```

8.3.3 编辑框

编辑框(EditBox)用来为用户提供一个文本编辑器,处理字符型数据。Visual FoxPro 所有的标准编辑功能都能在此使用,例如剪切、复制、粘贴等。编辑框中的文本可以垂直滚动,并且是自动换行的。

1. 编辑框的功能

编辑框控件主要用来处理备注型字段,可以将编辑框的 ControlSource 属性设置为某个备注型字段。编辑框只能用于编辑和输入文本数据,即字符型数据,这一点与文本框有区别。

2. 编辑框的属性

(1) Value 属性:保存编辑框的内容,可以通过该属性来访问编辑框的内容。

(2) ScrollBars 属性:该属性的默认值为"2-垂直",为用户提供一个垂直滚动条,用来处理长文本。如果将该属性值设置为"0-无",编辑框则没有滚动条。

(3) SelText 属性:返回用户在编辑区内选定的文本,如果没有选定的文本,返回空串。

(4) SelLength 属性:返回用户在文本输入区所选定的字符的个数。

(5) AllowTabs 属性:指定编辑框中能否使用 Tab 键。

(6) HideSelection 属性:当控件失去焦点时,控件中选定的文本是否显示为选定状态。

(7) SelStart 属性:返回用户在文本输入区所选定文本的起始点位置,或指出插入起始点的位置。

8.3.4　命令按钮

命令按钮（CommandButton）用于触发一个事件去完成一个动作，例如关闭一个表单、将光标移到另一条记录、打印一份报告等。用 Caption 属性可指定按钮表面显示的文字，用以辨别该按钮的用途。用户可以用鼠标单击来选择一个按钮，并激活其单击 Click 事件以执行一个动作，为单击事件编写程序后就可以执行具体的动作。

命令按钮的属性如下。

（1）Caption 属性：设置命令按钮的标题。如果在该属性值某字符前插入"\<"，该字符就成为热键。

（2）Picture 属性：设置该属性，可在命令按钮上显示图形。

（3）ToolTipText 属性：如果将表单的 ShowTips 属性设置为.T.，则每当鼠标指针移到表单内的某一个按钮时会显示一个提示框，提示框内的文本由 ToolTipText 属性设置。

（4）Default 属性：指定按下 Enter 键时，哪一个命令按钮进行响应。

（5）Cancel 属性：指定命令按钮是否为取消按钮。

（6）Visible 属性：指定对象是可见还是隐藏。

8.3.5　命令按钮组

命令按钮组（CommandGroup）控件是一种容器，它可以包含若干个命令按钮。如果表单上有多个命令按钮，可以考虑使用命令按钮组。使用命令按钮组可以使代码更整洁，界面更加整齐。命令按钮组与组内的各个命令按钮都有自己的属性、事件和方法。

1．命令按钮组的常用属性

（1）Value 属性：单击某个命令按钮时，命令按钮组控件的 Value 就会获得一个数值或字符串。当 Value 属性为1（默认值）时，将获得命令按钮的序号；当 Value 属性为空时，将获得命令按钮的 Caption 属性值。

（2）ButtonCount 属性：指定一个命令按钮组中的按钮数目。

（3）Buttons 属性：用于存取一个组中按钮的数目。

2．Click 事件

单击命令按钮组内的空白处时，命令按钮组控件的 Click 事件被触发。单击命令按钮组内的按钮时，命令按钮的 Click 事件被触发。

3．容器中对象的引用

引用命令按钮组中按钮的方法为：
Thisform. Commandgroup1. Command1 或 This. Command1。

4．命令按钮组及对象的编辑

在设计表单时用鼠标选定命令按钮组，就可以编辑其属性、事件代码与方法程序，但此时不能编辑命令按钮组中的对象,如命令按钮。如果要编辑命令按钮,先执行命令按钮组快捷菜单中的"编辑"命令,容器的周围会出现一个虚线边框,此时可以编辑容器中的对象。

8.3.6　复选框

复选框(CheckBox)用于标识一个二值状态,如真(.T.),假(.F.)。当处于"真"状态时,复选框内显示一个对勾;当处于"假"状态时,复选框内显示空白。

复选框常用的属性如下。

(1) Style 属性:通过该属性设置复选框的外观。

(2) Value 属性:该属性表示了复选框的状态。1 或 .T. 表示复选框被选定;0 或 .F. 表示清除选定;>=2 表示不确定状态。

复选框的不确定状态与不可选状态(Enabled 属性值为 .F.)不同,不确定状态只表示复选框的当前状态值不属于两个正常状态值中的一个,但用户仍可以对其进行操作,而不可选状态则表示用户不可以对其进行操作。

8.3.7　选项按钮组

选项按钮组(OptionGroup)是一个包含若干选项按钮的容器,但用户只能从其中选定一项,被选中的选项按钮会显示一个圆点,在选项按钮组中总有一个选项按钮默认被选定。

下面是选项按钮组的属性。

(1) Style 属性:通过该属性设置选项按钮的样式。选项按钮的样式分为标准样式和按钮两类。

(2) ButtonCount 属性:在表单中创建一个选项按钮组时,它默认包含两个选项按钮。改变 ButtonCount 属性可以设置选项按钮组中的选项按钮数目。

(3) Value 属性:选项按钮组的 Value 属性表明用户选定了哪一个按钮。例如,选项按钮组中有 6 个按钮,如果选择了第 4 个按钮,则选项按钮组的 Value 属性为 4。

【例 8-5】 利用选项按钮组编写程序,要求输入圆的半径,计算圆的面积、周长和体积,如图 8-14 所示。

操作步骤如下。

(1) 打开表单设计器,在表单上设计 3 个标签、2 个文本框、一个选项按钮组、一个命令按钮。

(2) 设置标签、文本框、控件属性值如表 8-8 所示。

表 8-8　"圆计算"表单控件属性设置一览表

控　件	Caption 属性	Fontsize 属性	Forecolor 属性	Fontname 属性
Label1	计算圆的面积、周长和体积	22	255,0,0	黑体
Label2	请输入圆的半径:	20	0,0,255	楷体
Label3	计算结果是:	20	0,0,255	楷体
Text1	无	21	0,0,0	宋体
Text2	无	21	0,0,0	宋体
Command1	计算	21	255,0,0	黑体

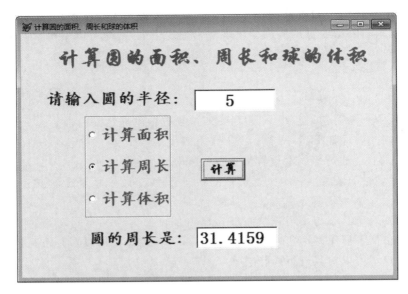

图 8-14 "圆计算"运行结果

（3）对选项按钮组 OptionGroup1 的设计。

选中选项按钮组 OptionGroup1 并右击,在弹出的快捷菜单中执行"生成器"命令,在弹出的"选项组成器"对话框中选择"按钮"选项卡,输入标题为"计算面积"、"计算周长"、"计算体积",如图 8-15 所示。

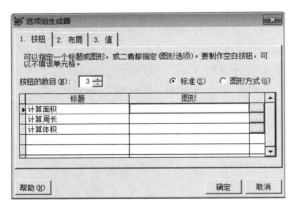

图 8-15 "按钮"选项卡

（4）编写程序代码。

在"计算"按钮的 Click 过程中,编写代码如下。

```
R = Val(Thisform.Text1.Value)
Do Case
  Case Thisform.Optiongroup1.Value = 1        && 选择计算面积
    s = pi() * r * r                          && 计算圆面积
    Thisform.Text2.Value = S
    Thisform.label2.caption = "圆的面积是: "
  Case Thisform.Optiongroup1.Value = 2        && 选择计算周长
```

```
    C = 2 * Pi() * R                                    && 计算圆周长
    Thisform.Text2.Value = C
    Thisform.Label2.Caption = "圆的周长是："
  Case Thisform.Optiongroup1.Value = 3                  && 选择计算体积
    V = 4/3 * Pi() * r * r * r
    Thisform.Text2.Value = V                            && 计算圆体积
    Thisform.Label2.Caption = "球的体积是："
Endcase
```

8.3.8　列表框

列表框(ListBox)可以为用户提供一个列表,供用户选择其中的某一项,方便用户输入数据,保证输入数据的有效性。列表框可以显示一列,也可以显示多列。用户可以通过列表框生成器快速建立列表框。

1. 列表框的常用属性

(1) RowSourceType 属性:该属性决定了列表框的数据来源。

(2) RowSource 属性:用于指定列表项的数据源。

两者之间常见的搭配如表 8-9 所示。

表 8-9　RowSourceType 属性与 RowSource 属性的常用搭配

RowSourceType 属性	RowSource 属性
0-无;在程序运行时,通过 AddItem 方法添加列表框条目,通过 RemoveItem 方法移去列表框条目	无
1-值	用逗号分开的若干数据项的集合
5-数组	使用一个已定义的数组名
6-字段	字段名
7-文件;列出指定目录的文件清单	磁盘驱动器或文件目录
8-结构;列出数据表的结构	表名

(3) List 属性:用以存取列表框中数据条目的字符串数组。例如 List[1]代表列表框的第一行。

(4) ListCount 属性:列表框中数据条目的数目。

(5) Selected 属性:用以判断列表框中第 N 个条目是否被选中。

(6) MultiSelect 属性:指定用户能否在列表框控件内进行多重选定。

2. 列表框生成器

打开"列表框生成器"对话框的方法是将鼠标移到列表框控件上并右击,在弹出的快捷菜单中执行"生成器"命令。"列表框生成器"对话框含有列表项、样式、布局、值共 4 个选项卡,用于为列表框设置各种属性。

1)"列表项"选项卡

该选项卡为列表框设置其中的选项。选项数据的来源有以下 3 种。

（1）表或视图中的字段。

（2）手工输入数据。

（3）数组中的值。

2）"样式"选项卡

该选项卡用来指定列表框的样式、所显示的行数、是否递增搜索等。

3）"布局"选项卡

该选项卡用来控制列表框的列宽和显示。

4）值选项卡

该选项卡用来指定返回值以及存储返回值的字段。

8.3.9　组合框

组合框（ComboBox）的功能和列表框类似，不同之处是列表框任何时候都显示它的列表，而组合框平时只显示一项，当用户单击它的向下按钮后才显示下拉列表。一般当选项很少时，用组合框，当选项较多时，用列表框。

组合框的主要特点如下。

（1）组合框不提供多重选择功能，没有 MultiSelect 属性。

（2）组合框又分为下拉组合框（组合框的 Style 属性值为 0）和下拉列表框（组合框的 Style 属性值为 2）。前者既可以在列表中选项，也可以在组合框中输入一个值，而后者和列表框一样只能在列表中选择。

8.3.10　表格

表格（Grid）是一个容器对象，用于浏览或编辑多行多列数据。一个表格对象由若干列（Column）对象组成，列由列标题和列控件组成。列标题（Header1）的默认值为显示字段的字段名，允许修改。表格、列、列标题和列控件都有自己的属性。

将表格添加到表单中的方法有以下两种。

（1）如果要为一个表创建表格控件，可以先将该表添加到表单的数据环境中，然后在数据环境中用鼠标拖动该表的标题栏到表单窗口后释放，表单窗口即会产生一个类似于 Browse 窗口的表格。

（2）可在"控件"工具栏中选择"表格"按钮，并在表单窗口中拖动鼠标得到所期望的大小，然后利用"表格生成器"对话框设置表格的属性。

【例 8-6】　设计具有查询功能的表单，使用 xs.dbf 表，实现按照班级对学生信息进行查询的功能，如图 8-16 所示。

操作步骤如下。

（1）在表单上创建标签、组合框控件、表格控件和按钮控件并合理布局。

（2）将组合框控件的 Style 属性设置为"下拉列表框"，RowSourceType 属性设置为"1－值"；将表格控件（Grid1）的 RecordSourceType 属性设置为"4－SQL 说明"。

（3）打开数据环境设计器，添加 xs.dbf；将组合框控件的 RowSource 属性设置为"01，02，03"。

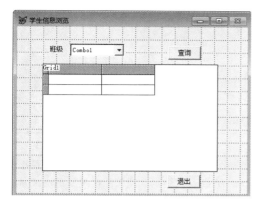 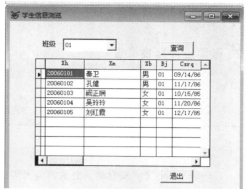

(a) 学生信息查询设计窗口   (b) 学生信息查询运行窗口

图 8-16　学生信息查询设计与运行窗口

（4）编写程序代码。

① 在"查询"按钮的 Click 过程中,编写代码如下。

```
ThisForm.Grid1.recordsource = "select * fromxs;
wherebj = allt(ThisForm.Combo1.value) into dbf aa"
Thisform.refresh          && 刷新表单
```

② 在命令按钮"退出"的 Click 过程中,编写代码如下。

```
Thisform.release          && 退出表单
```

8.3.11　计时器

计时器(Timer)控件主要是用来在应用程序中处理反复发生的动作。计时器控件的常用事件与属性如下。

（1）Timer 事件:由计时器控件控制反复执行的动作代码放在此事件过程中。

（2）Enabled 属性:若想让计时器在表单加载时就开始工作,将这个属性设置为.T.,否则将该属性设置为.F.。也可以选择一个外部事件(如命令按钮的单击事件)启动计时操作。

（3）Interval 属性:设置 Timer 事件触发的时间间隔,单位为毫秒数。Interval 属性不是决定事件发生多长时间,而是决定事件发生的频率。

8.3.12　微调控件

利用 Visual FoxPro 提供的微调控件(Spinner)可以接收给定范围内的数值输入。除了能够用鼠标单击控件右边向上和向下的箭头来增减其当前值,还能像编辑框那样直接输入数值数据。

1. 微调控件事件设置

微调控件的两个常用事件如下。

（1）DownClick Event：按微调控件的向下按钮事件。

（2）Upclick Even：按微调控件的向上按钮事件。

2. 微调控件属性设置

微调控件的常用属性如表 8-10 所示。

表 8-10　微调控件的常用属性

属　性	说　明	属　性	说　明
Value	微调控件的当前值	SpinnerLowValue	按钮微调数值的最小值
KeyBoardHighValue	键盘输入数值的最大值	Increment	按一次按钮的增减量
KeyBoardLowValue	键盘输入数值的最小值	InputMask	设置输入掩码
SpinnerHighValue	按钮微调数值的最大值		

8.4　自定义类

使用"类"设计器能够可视化地创建并修改类。类存储在类库（.vcx）文件中。

8.4.1　创建与修改类

可以通过"文件"菜单、项目管理器或 CREATE CLASS 命令这 3 种方法打开类设计器，在其中创建新类，并且在设计类的时候能够看到每个对象的外观。

1. 创建类

执行"文件"|"新建"命令，选择"类"单选按钮，在弹出的"新建类"对话框中给出新类的类名、新类的派生与来源，进入类设计器后，根据需要再进行修改。

2. 为类指定设计时的外观

执行"类"|"类信息"命令，在弹出的"类信息"对话框中，可以在"工具栏或容器"图标框中选择 .bmp 文件的名称和路径。

3. 修改类

在创建类之后，还可以进行修改，对类的修改将影响所有的子类和基于这个类的所有对象。也可以增加类的功能或修改类的错误，所有子类和基于这个类的所有对象都将继承修改。在项目管理器中选择所要修改的类或使用 MODIFY CLASS 命令进行修改。

【例 8-7】　创建新类 myclass，修改其属性，并将命令按钮的 Caption 属性修改为"关闭"，并且添加代码，如图 8-17 所示。

操作步骤如下。

（1）打开"新建"对话框，选择"类"单选按钮，单击"新建文件"按钮，弹出"新建类"对话框。在"新建类"对话框中输入类名"myclass"，在"派生于"下拉列表框中选择

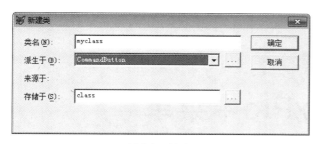

(a) "新建类"对话框

(b) 类设计器窗口

图 8-17 "新建类"对话框及类设计器窗口

"CommandButton"选项,在"存储于"文本框中输入类库名,单击"确定"按钮,进入类设计器窗口。

（2）在"属性"对话框中,将 myclass 类的 Caption 属性设置为"关闭"。

（3）在类设计器上的"关闭"按钮中,其 Click 事件过程代码如下。

```
X = Messagebox("确认退出系统吗?",4 + 16 + 0,"对话窗口")
If Y = 6
    Release ThisForm
Endif
```

8.4.2 自定义类的使用

使用自定义类时,先注册自定义类所在的类库,然后让类库中的自定义类显示在"表单控件"工具栏中,就可以在表单中使用了。

注册一个类库的方法是执行"工具"|"选项"命令,然后选择"控件"选项卡,选择可视类库并单击"添加"按钮,在"打开"对话框中选择要注册的类库,最后单击"确定"按钮。

在"表单控件"工具栏上显示用户自定义类的方法是：在表单设计器环境下,单击"表单控件"工具栏上的"查看类"按钮,然后在弹出的菜单中选择自定义类所在的类库。使"表单控件"工具栏重新显示 Visual FoxPro 基类,可在"查看类"按钮弹出的菜单中执行"常用"命令。

也可以将注册类库和显示自定义类合成一步完成：单击工具栏上的"查看类"按钮,然后在弹出的菜单中执行"添加"命令,弹出"打开"对话框,选定所需的类库文件,单击"确定"按钮。

本章小结

通过对本章的学习,要求了解对象、属性、方法、事件、类等面向对象的程序设计基本概念；掌握表单控件的设计和使用方法；并且希望通过对课程中案例的学习,能够熟练掌握表单设计与实践应用的方法。

第9章 Visual FoxPro中菜单的设计与应用

导学

内容与要求

本章主要介绍了 Visual FoxPro 系统菜单、下拉式菜单和快捷菜单的设计方法。

Visual FoxPro 系统菜单中要了解系统菜单的结构,掌握设置 Visual FoxPro 系统菜单的命令。

下拉式菜单设计中要掌握使用菜单设计器设计菜单的方法和表单顶层菜单的设计方法。

快捷菜单设计中要掌握快捷菜单设计的方法。

重点、难点

本章的重点是设计系统菜单和表单顶层菜单。本章的难点是设定菜单选项程序代码。

菜单是提供功能选择的一种方便的用户操作界面。一个应用系统通常都是由若干功能相对独立的功能模块组成的,通过菜单,可以将这些功能模块组织成一个系统,便于用户的使用和操作。

9.1 系统菜单的设计

Visual FoxPro中支持条形菜单和弹出式菜单两种类型。Visual FoxPro系统菜单中每一个条形菜单和弹出式菜单都有一个内部名字和一组菜单选项,每个菜单选项有一个名称和内部名字(快捷菜单为选项序号)。菜单选项的名字显示于屏幕,内部名字和选项序号用于代码中引用。

1. 菜单结构

Visual FoxPro菜单结构由菜单栏、菜单标题、菜单和菜单项 4 部分组成,如表 9-1所示。

表 9-1   Visual FoxPro 菜单结构

菜单结构	作 用
菜单栏	用于放置多个菜单标题的水平条状区域
菜单标题	用于表示菜单中菜单项的名称，单击可打开一个对应的菜单
菜单	包含命令、过程和子菜单的列表清单
菜单项	实现某一任务的选项

2. 设置 Visual FoxPro 系统菜单

SET SYSMENU 命令是控制程序运行期间 Visual FoxPro 的菜单栏，具体命令格式如下。

【格式】 SET SYSMENU ON|OFF|AUTOMATIC
|TO[<条形菜单项名表>]| TO[<弹出式菜单名表>]
|TO[DEFAULT]|SAVE|NOSAVE

【功能】 在程序运行时，允许或者禁止访问 Visual FoxPro 系统菜单，并对菜单重新配置。

【说明】

- ON 表示允许程序执行时访问系统菜单。
- OFF 表示禁止程序执行时访问系统菜单。
- AUTOMATIC 表示 Visual FoxPro 系统菜单可见，可以访问菜单栏，但菜单项是可用还是禁止则取决于不同的命令。
- TO<条形菜单项名表>表示重新配置系统菜单，以条形菜单项内部名表列出可用的子菜单。
- TO<弹出式菜单名表>表示重新配置系统菜单，以内部名字列出可用的弹出式子菜单。
- TO DEFAULT 表示将系统菜单恢复为默认设置。
- SAVE 表示将当前菜单系统指定为默认设置。如果执行 SET SYSMENU SAVE 命令之后修改了系统菜单，可以执行 SET SYSMENU TO DEFAULT 命令，用以恢复 SET SYSMENU SAVE 命令执行之前的菜单配置。
- NOSAVE 表示将默认配置恢复成 Visual FoxPro 系统菜单的标准配置。

【例 9-1】 使用 SET 语句设置 Visual FoxPro 主菜单栏中只有"文件"和"窗口"两个弹出式菜单。

```
SET SYSMENU TO _MFILE,_MWINDOW
```

结果如图 9-1 所示。

Visual FoxPro 条形菜单的内部名如表 9-2 所示。选择条形菜单中的每一个菜单项都会激活一个弹出式菜单，各弹出式菜单的内部名如表 9-3 所示。

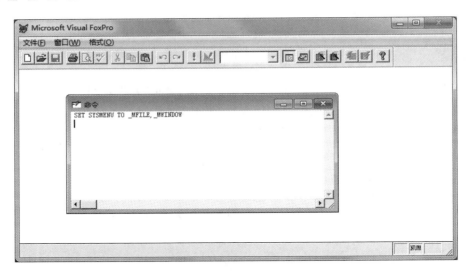

图 9-1　SET 语句设置结果

表 9-2　条形菜单的内部名

菜单名称	内部名
文件	_MSM_FILE
编辑	_MSM_EDIT
显示	_MSM_VIEW
工具	_MSM_TOOLS
程序	_MSM_PROG
窗口	_MSM_WINDOW
帮助	_MSM_SYSTEM

表 9-3　弹出式菜单的内部名

弹出式菜单名称	内部名
"文件"菜单	_MFILE
"编辑"菜单	_MEDIT
"显示"菜单	_MVIEW
"工具"菜单	_MTOOLS
"程序"菜单	_MPROG
"窗口"菜单	_MWINDOW
"帮助"菜单	_MSYSTEM

9.2　下拉式菜单的设计

　　下拉式菜单由一个主菜单的条形菜单栏和一组子菜单组成。条形菜单栏中的每个菜单名即为菜单标题。子菜单中每个菜单选项可直接对应代码,也可对应下一级子菜单,从而形成一种级联菜单结构。

9.2.1　菜单设计器的使用

菜单设计器是 Visual FoxPro 用来定义菜单、生成菜单程序的设计工具。

1. 启动菜单设计器

启动菜单设计器窗口有以下 3 种方法。

（1）执行"文件"|"新建"命令，在弹出的"新建"对话框中选择"菜单"单选按钮，然后单击"新建文件"按钮，弹出图 9-2 所示的"新建菜单"对话框，单击"菜单"按钮，进入菜单设计器窗口，如图 9-3 所示。

图 9-2　"新建菜单"对话框

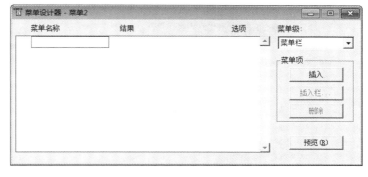

图 9-3　菜单设计器窗口

（2）使用窗口命令。

【格式】　CREATE MENU[菜单名|?]

【说明】　打开如图 9-2 所示的对话框。

（3）使用项目管理器。

在项目管理器窗口的"其他"选项卡中选择"菜单"项，并单击"新建"按钮，弹出图 9-2 所示的对话框。

2. 添加菜单项

在菜单中添加菜单项的步骤如下。

（1）在"菜单名称"栏中输入菜单标题名，如"查询"菜单项。

（2）单击"插入"按钮，自动在当前菜单行后插入空白行。

（3）在"菜单名称"栏中输入菜单的标题名，如"统计"菜单项。

（4）重复步骤（2），在"菜单名称"栏中输入菜单项"退出"，结果如图 9-4 所示。

输入菜单名称后，在其"结果"栏中设置该菜单项的动作，有"子菜单"、"命令"、"过程"和"填充名称"4 种选择。

（1）子菜单。如果所定义的菜单项有子菜单则选择此项。选择此项后，列表框右侧出现"创建"按钮，如图 9-4 中的"查询"菜单项。单击"创建"按钮打开子菜单级的菜单设计器，如图 9-5 所示。

提示：如果子菜单已经创建，"创建"按钮变成"编辑"按钮，单击后对子菜单进行编辑操

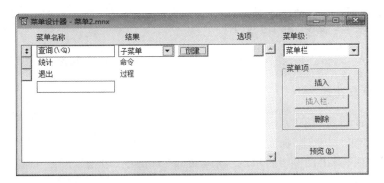

图 9-4　添加菜单项

图 9-5　"查询"的子菜单

作。单击"菜单级"的下拉按钮,选择主菜单项并返回到主菜单的编辑状态。

（2）命令。如果菜单项是执行一条命令,则选择此项,在其右侧的文本框中输入选择该菜单项时要执行的命令。如图 9-6 所示,对"统计"菜单项设置命令,运行 tongji.prg 程序文件(此程序保存在默认路径下)。

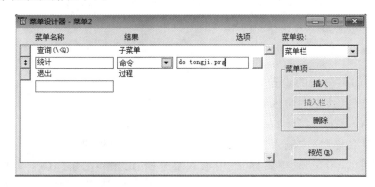

图 9-6　设置菜单项命令

（3）过程。如果菜单项是执行一组命令,则选择此项,在其右侧出现"创建"按钮。单击此按钮进入"过程"编辑窗口,进行代码设置。如图 9-7 所示,对"退出"菜单项设置过程,实现单击"退出"菜单恢复 Visual FoxPro 系统菜单的标准配置。

提示：编写过程代码时不能使用 PROCEDURE 命令。

图 9-7　设置菜单项过程

（4）填充名称。当选择此项时,右侧出现文本框,在其中输入菜单项的内部名字和序号,其目的是为了在程序中引用它。

提示：选择一个菜单项,单击"删除"按钮,可删除该菜单项；通过鼠标向上或向下拖动菜单项左边的按钮可以改变菜单项前后的相对位置。

3. 设置访问键

访问键一般在菜单标题栏或者菜单项上用带有下画线的大写字母表示。设置访问键的步骤如下。

（1）在菜单设计器窗口的"菜单名称"列,单击要设置访问键的菜单项。

（2）在菜单项名称的后面添加"(\< *)",其中的" * "用于表示指定访问键的字母。如图 9-4 所示,对"查询"进行访问键的设置为"查询(\< Q)"。

提示：设置访问键后,菜单运行时,可用 Alt＋ * 访问该菜单项。

4. 分组菜单项

设置菜单分组的步骤如下。

（1）在菜单设计器窗口中选择任意菜单项。

（2）单击"添加"按钮,则在选中的菜单项上方添加一个菜单项。

（3）在"菜单名称"栏中输入"\-",即可创建分隔符。

5. 设置快捷键

Visual FoxPro 菜单的快捷键一般使用 Ctrl 键或者 Alt 键与其他字母键组合。设置菜单项快捷键的步骤如下。

（1）在菜单设计器窗口中选择任意子菜单项。

（2）单击右边的"选项"按钮,弹出图 9-8 所示的"提示选项"对话框。

（3）在"快捷方式"选项区域的"键标签"栏中定义相应的快捷键：将鼠标定位到"键标签"后面的文本框中,并按下键盘所对应的组合键即可。

在"键说明"文本框中显示的是在菜单项旁边出现的文本。默认情况下,Visual FoxPro 将在此栏中显示与"键标签"相同的内容,用户可以对其进行任意的修改。设置了快捷键后,该菜单项后面的"选项"按钮上就会出现"√"。

6. 预览并保存菜单

在菜单设计器窗口中对菜单进行设置时,可以单击"预览"按钮预览查看菜单运行时的

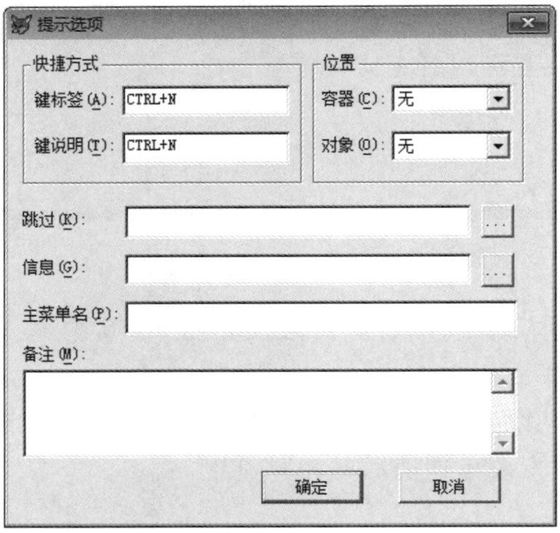

图 9-8　"提示选项"对话框

状态。

　　菜单设计完成后,执行"文件"|"保存"命令或者按 Ctrl＋W 组合键,结果保存在扩展名为. mnx 的菜单文件中。

7. 生成菜单程序文件

　　生成菜单程序文件的步骤如下。

　　(1) 执行"菜单"|"生成"命令。

　　提示:如果对菜单做过修改,系统提示是否将所有的更改写入相关的菜单文件(. mnx 文件)中去。

　　(2) 在弹出的"生成菜单"对话框中输入要保存的文件名(如 xlmenu)。

　　(3) 单击"生成"按钮,生成扩展名为. mpr 的菜单程序文件(如 xlmenu. mpr)。

　　提示:当每次对菜单进行了修改,必须重新对菜单进行生成操作。

8. 执行菜单程序文件

　　执行菜单程序文件通常有以下两种方法。

　　(1) 执行"程序"|"运行"命令,并选择菜单程序文件(如: xlmenu. mpr)。

　　(2) 使用窗口命令。

　　【格式】　DO ＜文件名. mpr＞

　　【说明】　菜单程序文件的扩展名. mpr 不能省略。

9. 修改菜单

　　在 Visual FoxPro 中有以下 3 种方式可以修改已经保存的菜单文件。

　　(1) 使用菜单命令。

　　执行"文件"|"打开"命令(或者单击工具栏中的"打开"按钮),弹出"打开"对话框,选择菜单文件(. mnx 文件),打开菜单设计器窗口进行修改。

（2）使用窗口命令。

【格式】　MODIFY MENU［菜单名｜？］

【说明】　如果没有给出菜单名，则先弹出"打开"对话框，从中选择菜单文件。

（3）使用项目管理器。

在项目管理器窗口的"其他"选项卡中选择"菜单"项，选择需要修改的菜单，并单击"修改"按钮打开菜单设计器窗口进行修改。

10. 快速菜单

在菜单设计器编辑界面下，执行"菜单"｜"快速菜单"命令，则 Visual FoxPro 系统菜单自动加载到菜单设计器窗口中，如图 9-9 所示。

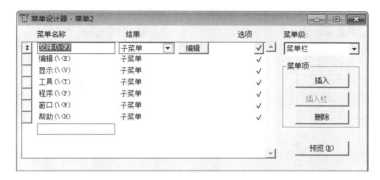

图 9-9　快速菜单

对于快速菜单需要说明的是：

（1）快速生成的菜单和系统菜单相同，其中的功能项可以在菜单设计器窗口中进行增加、修改或删除。

（2）快速菜单只有在菜单设计器窗口为空时才允许选择，否则它是灰色的。

（3）快速菜单仅用于产生下拉式菜单。

【例 9-2】　新建一个下拉式菜单名为 mymenu. mnx，并生成菜单程序 mymenu. mpr。运行该菜单，在当前 Visual FoxPro 系统菜单的末尾追加一个"练习"子菜单，如图 9-10 所示。

图 9-10　"练习"子菜单

具体要求如下。

（1）"练习"菜单下的"计算"和"返回"命令的功能要通过执行"过程"完成。

（2）"计算"命令的功能如下。

- 用 SQL 的 SELECT 语句完成查询：按学号降序列出选修"0501"课程学生的 xh（学号）、xm（姓名）以及 cj（成绩），查询结果存储到 table1. dbf 中。

- 用 ALTER TABLE 语句在 table1.dbf 中添加一个 dj(等级)字段,类型为字符型,字段宽度为 2。
- 最后根据 cj(成绩)字段为学生添加 dj(等级)字段的值:成绩大于等于 90 且小于等于 100 的为"优";成绩大于等于 80 且小于 90 的为"良";成绩大于等于 60 且小于 80 的为"中";其他为"差"。

(3)"返回"命令的功能是恢复 Visual FoxPro 系统菜单。

操作步骤如下。

(1)执行"文件"|"新建"命令,在弹出的"新建"对话框中选择"菜单"单选按钮,然后单击"新建文件"按钮,弹出"新建菜单"对话框,单击"菜单"按钮,进入菜单设计器窗口。"练习"菜单设计如图 9-11 所示。

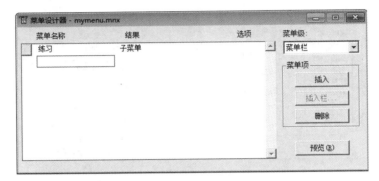

图 9-11　"练习"菜单设计

(2)创建"练习"子菜单项如图 9-12 所示。

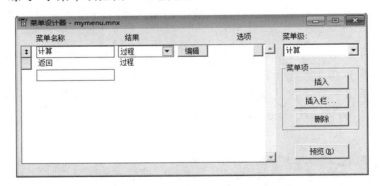

图 9-12　"练习"子菜单设计

(3)执行"显示"|"常规选项"命令,在弹出的"常规选项"对话框中选择"追加"单选按钮,如图 9-13 所示。

图 9-13 中的"位置"选项区域是设定正在设计的菜单与系统菜单之间的关系。其中各选项的含义如下。

- "替换":使用新的菜单系统替换已有的菜单系统。
- "追加":将新菜单系统添加在当前菜单系统的末尾。
- "在…之前":将新菜单插入指定菜单的前面。

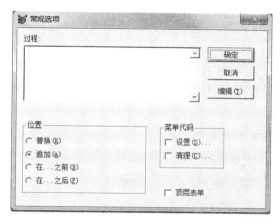

图 9-13 “常规选项”对话框

- “在…之后”：将新菜单插入指定菜单的后面。

(4)“计算”命令的过程设计如图 9-14 所示。

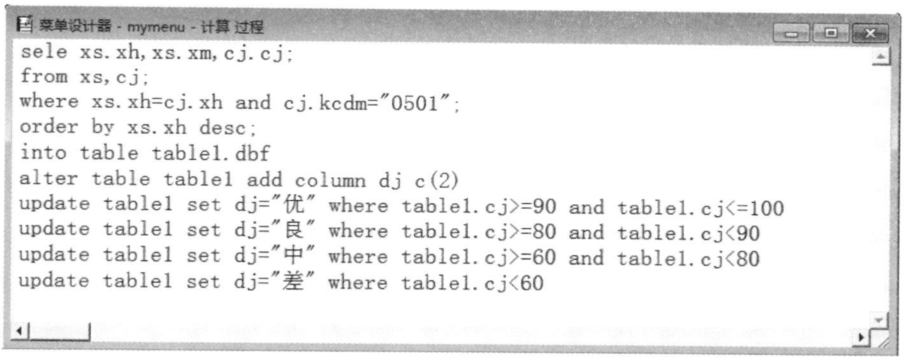

```
sele xs.xh,xs.xm,cj.cj;
from xs,cj;
where xs.xh=cj.xh and cj.kcdm="0501";
order by xs.xh desc;
into table table1.dbf
alter table table1 add column dj c(2)
update table1 set dj="优" where table1.cj>=90 and table1.cj<=100
update table1 set dj="良" where table1.cj>=80 and table1.cj<90
update table1 set dj="中" where table1.cj>=60 and table1.cj<80
update table1 set dj="差" where table1.cj<60
```

图 9-14 “计算”过程

(5)“返回”命令的过程设计如图 9-15 所示。

```
set sysmenu to default
```

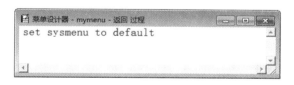

图 9-15 “返回”过程

(6) 保存菜单 mymenu.mnx，并生成菜单程序 mymenu.mpr。运行菜单程序并执行“计算”和“返回”命令。

9.2.2 表单顶层菜单的设计

菜单可以添加到表单中作为表单的顶层菜单进行使用。

【例 9-3】 将菜单设计成表单的顶层菜单。

操作步骤如下。

（1）启动菜单设计器。

（2）执行"显示"|"常规选项"命令，弹出"常规选项"对话框，选择"顶层表单"复选框，如图 9-16 所示。

（3）单击"确定"按钮，返回菜单设计器。

（4）选择"退出"菜单项，修改"结果"为"命令"项，输入命令"QUIT"。

（5）保存菜单并重新生成菜单程序文件。

（6）打开要添加顶层菜单的表单文件。

（7）将表单的 ShowWindow 属性设置为"2-作为顶层表单"，如图 9-17 所示。

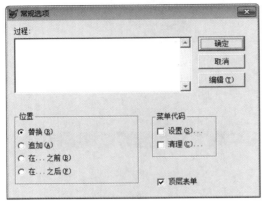

图 9-16　选择"顶层表单"复选框　　　　　图 9-17　设置表单属性

（8）在表单的 Init 事件中，添加如下格式的命令来运行菜单程序并传递两个参数，结果如图 9-18 所示。

【格式】　DO<菜单文件名.mpr>　WITH oForm,IAutoRename

【说明】　菜单文件名为被调用的菜单程序文件，不能省略扩展名；oForm 是表单的对象引用，在表单的 Init 事件中通常使用 This 作为一个参数进行传递，代表当前表单；IAutoRename 指定是否为菜单取一个新的唯一名字，如果计划运行表单的多个实例，则将.T. 传递给 IAutoRename。

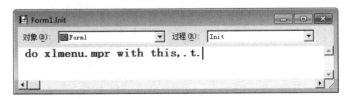

图 9-18　Init 事件代码

在表单的 Destroy 事件中，添加如下格式的命令使得在关闭表单时能同时清除菜单，释放其所占用的空间，如图 9-19 所示。

【格式】　RELEASE MENU <菜单文件名>[EXTENDED]

【说明】　EXTENDED 表示在清除条形菜单时一起清除其下属的所有子菜单。

（9）保存表单并运行，显示结果如图 9-20 所示。

图 9-19　Destroy 事件代码

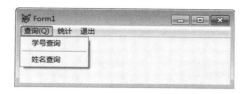

图 9-20　表单顶层菜单运行结果

【例 9-4】 创建菜单 mydcmenu. mnx,生成菜单程序文件 mydcmenu. mpr,然后创建一个顶层表单 mydcform. scx,并在表单中添加该菜单,实现如图 9-21 所示的功能。

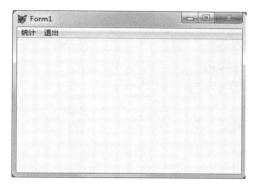

图 9-21　表单顶层菜单

具体要求如下。

(1) 菜单命令"统计"和"退出"功能通过执行"过程"完成。

(2) "统计"的功能是统计 xs. dbf 中各年份出生的学生人数。统计结果包含年份和人数两个字段,记录按照年份升序排序,统计结果保存到 table2. dbf 中。

(3) "退出"的功能是释放并关闭菜单。

操作步骤如下。

(1) 利用菜单设计器,设计菜单项如图 9-22 所示。

(2) 设置"统计"和"退出"的过程代码,分别如图 9-23 和 9-24 所示。

(3) 执行"显示"|"常规选项"命令,在弹出的"常规选项"对话框中选择"顶层表单"复选框。

(4) 保存菜单并生成菜单程序文件 mydcmenu. mpr。

(5) 创建表单 mydcform,修改表单 ShowWindow 属性为"2-作为顶层表单"。

(6) 双击表单空白处,添加表单的 Init 事件代码如图 9-25 所示。

(7) 保存表单并运行。

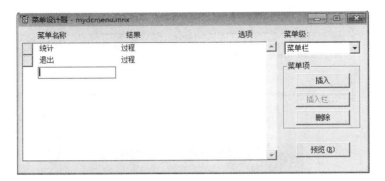

图 9-22　菜单设计

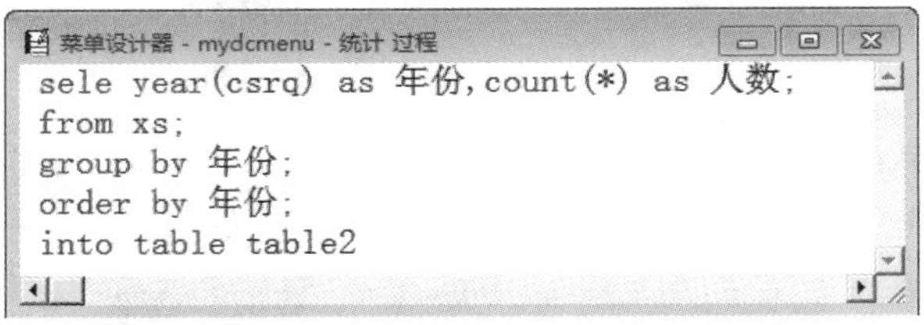

图 9-23　"统计"的过程代码

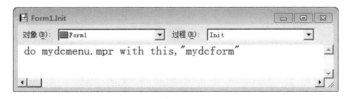

图 9-24　"退出"的过程代码

图 9-25　表单的 Init 事件

9.3　快捷菜单的设计

　　快捷菜单通常是指用鼠标右键单击某个界面对象时出现的弹出式菜单,在此菜单中列出了一些与该对象有关的操作命令。利用快捷菜单设计器可以方便地创建一个用户定义的快捷菜单。

　　快捷菜单设计器的设计方法与下拉式菜单相似,在设计快捷菜单时需要注意以下几点。

　　(1) 在"常规选项"对话框中要进行"设置"和"清理"两个选项的设置,其含义如下。

　　• 设置:输入的程序代码将放置在菜单定义代码的前面,在菜单产生之前执行。

【格式】 PARAMETERS mfRef

【功能】 接受当前表单对象引用的参数。

• 清理：输入的程序代码将放置在菜单定义代码的后面，在菜单显示之后执行。

【格式】 RELEASE POPUPS <快捷菜单名>

【功能】 清除菜单，释放其所占用的内存空间。

（2）在选定对象的RightClick事件代码中添加命令。

【格式】 DO <快捷菜单文件名.mpr>

【功能】 调用快捷菜单程序。

【例9-5】 为例9-3保存的表单设计一个快捷菜单，其中包括"复制"、"剪切"、"粘贴"、"撤消"4个菜单项。

操作步骤如下。

（1）执行"文件"|"新建"命令，在弹出的"新建"对话框中选择"菜单"单选按钮，然后单击"新建文件"按钮，弹出"新建菜单"对话框。

（2）单击"快捷菜单"按钮，进入快捷菜单设计器窗口。

（3）添加菜单项：单击"插入栏"按钮，在弹出的"插入系统菜单栏"对话框中选定"复制"后，单击"插入"按钮，"复制"菜单项出现在快捷菜单设计器窗口中。用同样的方法添加"剪切"、"粘贴"、"撤消"几个菜单项。

（4）快捷菜单设计器窗口的结果如图9-26所示。

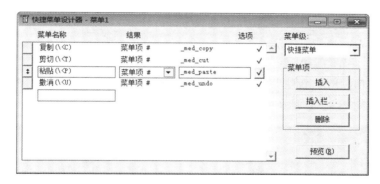

图9-26 快捷菜单设计器窗口

（5）保存菜单并生成菜单程序文件kjcd.mpr。

（6）打开表单，在表单的RightClick（右击）事件中输入命令：do kjcd.mpr。

（7）保存并运行表单。

当在表单中右击时，就会弹出一个快捷菜单，如图9-27所示。

图9-27 快捷菜单运行结果

【例9-6】 创建一个快捷菜单mykjmenu,实现如图9-28所示的功能:在表单myform中的文本框中右击时弹出快捷菜单实现对文本框中字体的设置。

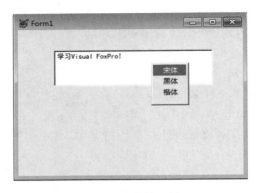

图9-28　表单运行

具体要求如下。

(1) 在快捷菜单mykjmenu中设置接收参数语句:PARAMETERS mfRef。

(2) 在快捷菜单mykjmenu中添加"宋体"、"黑体"和"楷体"菜单项,分别实现调用快捷菜单的控件或对象的字体名属性(FontName)设置为"宋体"、"黑体"和"楷体",这些功能通过执行"过程"完成。

(3) 新建表单myform,其中包含文本框Text1。在文本框Text1的RightClick事件中添加调用快捷菜单mykjmenu的命令,实现设置Text1文本字体的功能。

操作步骤如下。

(1) 执行"文件"|"新建"命令,在弹出的"新建"对话框中选择"菜单"单选按钮,然后单击"新建文件"按钮,弹出"新建菜单"对话框。单击"快捷菜单"按钮,进入快捷菜单设计器窗口。设计菜单项如图9-29所示。

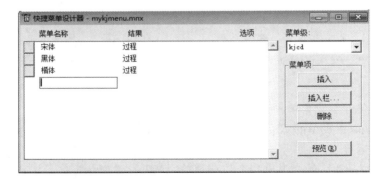

图9-29　快捷菜单设计

(2) 执行"显示"|"常规选项"命令,弹出"常规选项"对话框,依次选择"设置"、"清理"复选框,打开相应代码编辑窗口(单击"确定"按钮激活窗口),输入相应命令。

"设置"代码语句:PARAMETERS mfRef。

"清理"代码语句:RELEASE POPUPS kjcd。

(3) 执行"显示"|"菜单选项"命令,弹出"菜单选项"对话框,在"名称"文本框中输入快

捷菜单的内部名字 kjcd。

（4）分别设置"宋体"、"黑体"和"楷体"的过程代码如图 9-30～9-32 所示。

图 9-30　"宋体"过程代码

图 9-31　"黑体"过程代码

图 9-32　"楷体"过程代码

（5）保存菜单 mykjmenu. mnx，生成菜单程序文件 mykjmenu. mpr。

（6）新建表单 myform，添加文本框 Text1，如图 9-33 所示。

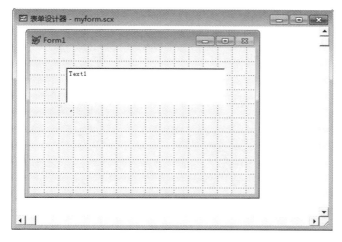

图 9-33　表单界面

（7）设置表单的初始化事件代码，为文本框 Text1 赋以初值，如图 9-34 所示。

（8）设置文本框 Text1 的 RightClick 事件代码：do mykjmenu. mpr。

（9）保存表单并运行，如图 9-28 所示。

图 9-34   表单的 Init 事件

本章小结

　　一个应用程序的各种功能通常是以菜单的形式供用户选择调用的，在本章中主要介绍通过菜单设计器来设计下拉菜单以及表单顶层菜单和快捷菜单的方法，在实际应用中需要按照菜单系统的设计步骤来实现具体应用程序中的菜单系统。

第10章

Visual FoxPro中报表
的设计与应用

导学

内容与要求

在日常处理数据的工作中,经常要求数据的最终输出形式为纸质的表格。在 Visual FoxPro 中,可以通过"报表"完成表格的设计,并按实际要求打印输出。本章将主要介绍 Visual FoxPro 中报表的设计和应用。

报表向导主要介绍了利用报表向导如何实现基于单表的报表和基于多表的报表。

报表设计器主要介绍了报表设计器中所包括的报表布局、报表设计时可以使用的"报表设计器"工具栏和"报表控件"工具栏,报表数据环境的设置方法。

快速报表主要介绍快速报表的用途及设计方法。

分组报表和分栏报表主要介绍了分组报表、分栏报表各自的用途及设计方法。

报表输出主要介绍了报表页面设置的方法及输出的方式和方法。

重点、难点

本章的重点是报表向导、报表设计器的使用方法,快速报表、分栏和分组报表的设计方法,报表的页面设置与打印的方法。本章的难点是针对实际问题中所要求的报表格式如何进行设计。

应用程序除了完成对信息的处理、加工之外,还要完成对信息的输出。对于所需的信息,除了屏幕输出外,打印报表也是信息输出的重要途径。Visual FoxPro 向用户提供了设计报表的可视化工具,兼有设计、显示和打印报表的功能,可以将要打印的信息快速地组织、修饰即布局,形成报表的形式打印输出。

10.1 报表向导

报表是由数据源和布局组成,数据源通常是指数据库表、自由表、视图、查询和临时表,布局是指定义报表的打印格式。当用户建立了表之后,就可以进行报表的创建工作,使用报表向导可以方便地完成报表的创建。同建立数据库及查询的方法一样,用户只需根据向导的提示进行操作,即可创建报表。Visual FoxPro 有两种类型的报表向导:报表向导(创建单个表的报表向导)和一对多报表向导(创建多个表的报表向导)。

启动报表向导有以下 4 种方法。

(1) 执行"文件"|"新建"命令,在弹出的"新建"对话框中选择"报表"单选按钮,然后单击"向导"按钮。

(2) 执行"工具"|"向导"|"报表"命令。

(3) 单击常用工具栏中的"报表"按钮 。

(4) 在项目管理器的窗口"文档"选项卡中选择"报表"项,单击"新建"按钮。

10.1.1　单表报表向导

如果报表中显示的信息来源于单个表,可以创建单表报表。通过下面实例来介绍单表报表向导的使用方法。

【例 10-1】 利用报表向导设计学生基本信息报表。

操作步骤如下。

(1) 启动报表向导。执行"文件"|"新建"命令,在弹出的"新建"对话框中选择"报表"单选按钮,然后单击"向导"按钮,弹出"向导选取"对话框,如图 10-1 所示。

(2) 在"向导选取"对话框中选择"报表向导"项,然后单击"确定"按钮,进入报表向导的第一步:字段选取,如图 10-2 所示。

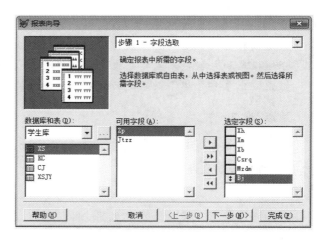

图 10-1　"向导选取"对话框　　　　　　　　图 10-2　"字段选取"步骤

(3) 选取字段。在"数据库和表"列表框中选择需要创建报表的表,或者单击下拉列表右边的按钮,打开"xs. dbf",表中的所有字段显示在"可用字段"列表中,通过右箭头按钮或者直接双击字段,将要选择的字段添加到"选定字段"列表中。

(4) 分组记录。在"字段选取"对话框中单击"下一步"按钮进入第二步:分组记录。在第一个下拉列表中选择 bj 字段,如图 10-3 所示。从确定的记录中,用户最多可以建立 3 层分组层次。如果是数值型字段,可以单击"分组选项"按钮,并确定分组的位数。单击"总结选项"按钮,可以弹出"总结选项"对话框。从中选择对某一字段各取相应的特定值,如平均值，进行总结并添加到输出报表中。

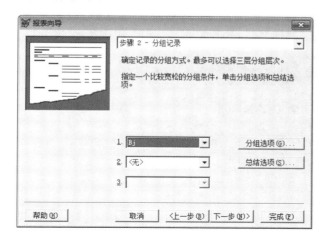

图 10-3　"分组记录"步骤

（5）选择报表样式。在"分组记录"对话框中单击"下一步"按钮进入第三步：选择报表样式。有 5 种报表样式可供选择，此处选择"经营式"样式。

（6）定义报表布局。在"选择报表样式"对话框中单击"下一步"按钮进入第四步：定义报表布局。该对话框可以定义报表显示的字段布局。当报表中的所有字段可以在一页中水平排满时，可以使用"列"风格来设计报表，这样可以在一个页面中显示更多的数据；而当每个记录都有很多的字段时，一行中可能已经容纳不下所有字段，就可以选择"行"风格的报表布局。在"列数"选项中，用户可以决定在一页内显示的重复数据的列数。"方向"栏用来对打印机的纸张进行设置，可以横向布局，也可以纵向布局。在这一步所有选项都使用默认值。

（7）排序记录。在"定义报表布局"对话框中单击"下一步"按钮进入第五步：排序记录。本例中在"可用的字段或索引标识"列表中选择 xh 字段，作为报表显示数据排序的关键字段，单击"添加"按钮选定字段，并使用"升序"和"降序"单选按钮进行设定，如图 10-4所示。

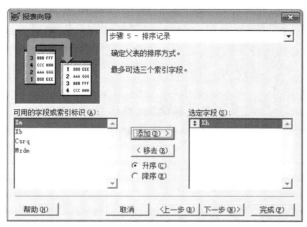

图 10-4　"排序记录"步骤

(8) 完成报表向导。单击"下一步"按钮进入第六步:完成。在"报表标题"栏中输入报表的标题,选择保存的不同选项。报表被保存在扩展名为.frx 的报表文件和.frt 的报表备注文件中。单击"预览"按钮,可以先预览报表,如图 10-5 所示。

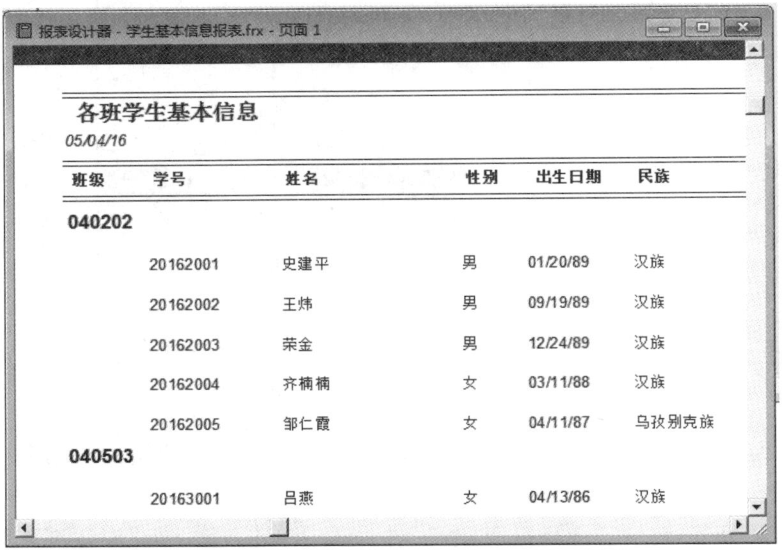

图 10-5　例 10-1 预览结果

10.1.2　一对多报表向导

在 Visual FoxPro 中,规定多表报表中的表是处于不同层次的,即主动表(父表)与被动表(子表)。通过创建一对多报表,可以将父表和子表的记录关联,并用这些表中相应的字段创建报表。通过下面实例来介绍一对多报表向导的使用方法。

【例 10-2】　利用报表向导设计并显示学生的就业信息。

操作步骤如下。

(1) 启动报表向导。执行"文件"|"新建"命令,在弹出的"新建"对话框中选择"报表"单选按钮,然后单击"向导"按钮,弹出"向导选取"对话框,如图 10-1 所示。在"向导选取"对话框中选择"选择要使用的向导"列表框中的"一对多报表向导",然后单击"确定"按钮,进入报表向导的第一步:从父表选择字段。

(2) 从父表选择字段。选择 xs.dbf,从"可用字段"列表中选择 xh 等字段,依次添加到"选定字段"列表中,如图 10-6 所示。单击"下一步"按钮,进入第二步:从子表选择字段。

(3) 从子表选择字段。在"从子表选择字段"对话框中,选择表"xsjy.dbf",将所选字段添加到"选定字段"中,如图 10-7 所示。父表和子表都有相同字段 xh 单击"下一步"按钮,进入第三步:为表建立关联。

(4) 为表建立关联。当进入步骤 3 时,系统自动对父表和子表使用 xh 字段建立关联,如图 10-8 所示。

(5) 排序记录。单击"下一步"按钮,进入第四步:排序记录。按 xh 字段对记录按升序排序。

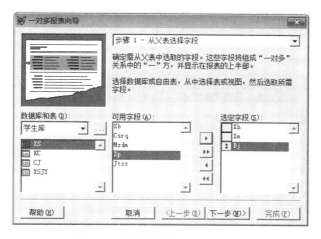

图 10-6　"从父表字段选择"步骤

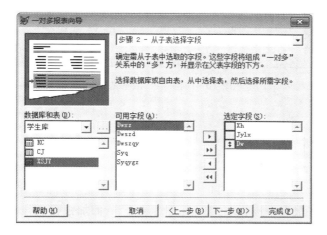

图 10-7　"从子表字段选择"步骤

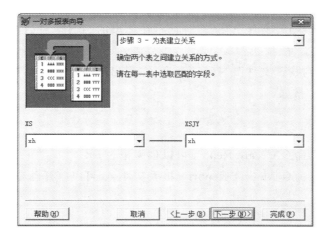

图 10-8　"为表建立关系"步骤

（6）选择报表样式。单击"下一步"按钮，进入第五步：选择"经营式"报表样式。

（7）完成报表向导。单击"下一步"按钮，进入第六步：完成并进行预览结果，如图 10-9 所示。

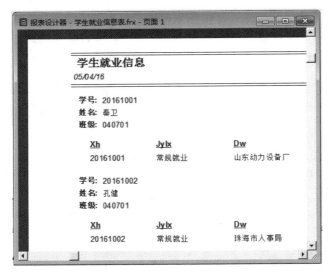

图 10-9　例 10-2 预览结果

10.2　报表设计器

在报表设计器中可以利用不同带区设计各种需要显示的信息，使用图片、多边形及 OLE 控件可以实现在报表中进行非文字信息的显示，从而加强报表设计的视觉效果和可读性。启动报表设计器有以下 3 种方法。

1．菜单方法

（1）创建报表时，执行"文件"|"新建"命令，在弹出的"新建"对话框中选择"报表"单选按钮，然后单击"新建文件"按钮。

（2）修改报表时，执行"文件"|"打开"命令，在弹出的"打开"对话框中选择要修改的报表文件名，单击"打开"按钮。

2．命令方法

（1）创建报表时，命令 Create Report 可以创建报表。

（2）修改报表时，命令 Modify Report <报表文件名>可以打开已有的报表。

3．"项目管理器"操作

在"项目管理器"窗口中，选择"文档"选项卡，选择"报表"项，单击"新建"按钮，可以创建报表。若要修改报表，则选择要修改的报表，单击"修改"按钮。

10.2.1 报表的布局

在报表设计器中包括若干个带区,每一带区的底部有一个分隔栏,显示带区名称。报表设计器窗口如图 10-10 所示,默认情况下包括 3 个带区:页标头、细节和页注脚。典型的报表带区及相应的输出内容如表 10-1 所示。通过不同的报表带区可以设置数据在报表页面上的打印位置,在打印或预览报表时,系统会以不同的方式处理各个带区的数据。

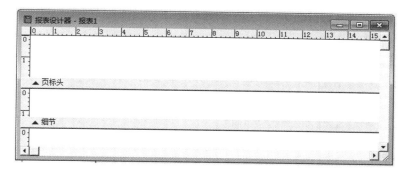

图 10-10 "报表设计器"界面

表 10-1 报表设计器中的带区说明

带 区	打印情况	典型内容
页标头	报表每一页打印一次	包括报表标题、栏标题和当前日期
细节	报表每一页打印一次	包含来自表中的一行或多行记录
页注脚	报表每一页打印一次	包含页码、每页的总结和说明信息等
列标头	每列打印一次	列标题
列注脚	每列打印一次	总结、总计
组标头	每组打印一次	数据前面的文本
组注脚	每组打印一次	组数据的计算结果值
标题	报表开始处打印一次	标题、日期或标题周围的框
总结	报表末尾打印一次	总计或平均值等信息

添加各带区的方法如下。

(1) 标题带区和总结带区。打开报表设计器后,执行"报表"|"标题/总结"命令,报表设计器会增加两个带区:标题带区和总结带区。

(2) 组标头带区和组注脚带区。组标头和组注脚带区用于分组报表,当进行报表数据分组操作时,自动显示在报表设计器中。

(3) 列标头带区和列注脚带区。列标头和列注脚主要用于分栏报表,执行"文件"|"页面设置"命令,弹出"页面设置"对话框,将"列数"设置成大于 1 的值,单击"确定"按钮,列标头和列注脚就会出现在"报表设计器"窗口中。

提示:调整带区高度的方法是使用鼠标拖动带区分隔条。

10.2.2 报表工具栏

与报表设计有关的工具栏主要包括"报表设计器"工具栏和"报表控件"工具栏。

1. "报表设计器"工具栏

在 Visual FoxPro 中打开"报表设计器"窗口时,会自动显示"报表设计器"工具栏。此工具栏所包含的按钮及功能如表 10-2 所示。

表 10-2　"报表设计器"工具栏按钮说明

按钮	命令	说明
	数据分组	显示"数据分组"对话框,来创建数据分组及指定其属性
	数据环境	显示"数据环境设计器"窗口,来指定报表的数据源
	报表控件工具栏	显示或隐藏"报表控件"工具栏
	调色板工具栏	显示或隐藏"调色板"工具栏
	布局工具栏	显示或隐藏"布局"工具栏

2. "报表控件"工具栏

在 Visual Foxpro 中打开"报表设计器"窗口时,会自动显示"报表控件"工具栏。如果该工具栏在关闭后要再次使用,执行"显示"|"报表控件工具栏"命令,打开"报表控件"工具栏。其中各个控件的使用说明如表 10-3 所示。

表 10-3　"报表控件"工具栏按钮说明

按钮	命令	说明
	选定对象	用于移动或更改控件的大小
	标签控件	用于显示不希望用户改动的文本
	域控件	用于显示表字段、内存变量或其他表达式内容
	线条控件	用于设计各种线条及其样式
	矩形控件	用于画矩形
	圆角矩形控件	用于画椭圆或圆角矩形
	图片/ActiveX 绑定控件	用于显示图片或通用数据字段的内容
	按钮锁定	允许添加多个不同类型的控件,而不需多次按此控件的按钮

10.2.3　报表数据环境

报表总是与一定的数据源相联系,在设计报表时,确定报表的数据源是首先要完成的任务。设置报表数据环境是实现数据源(数据库表、自由表、视图或查询)与报表联系的重要环节。将数据源添加到数据环境中,运行报表文件时数据源将自动打开,关闭或释放报表文件时自动关闭数据源。向数据环境中添加数据源的步骤如下。

(1)打开已经存在的报表文件或创建一个新的报表文件。

(2)执行"显示"|"数据环境"命令或在报表设计器窗口中右击,在弹出的快捷菜单中执

行"数据环境"命令,弹出"数据环境设计器"对话框,如图 10-11 所示。

（3）在"数据环境设计器"对话框中右击,在弹出的快捷菜单中执行"添加表或视图"命令,弹出"添加表或视图"对话框。

（4）在"添加表或视图"对话框中选择需要添加的表或视图后单击"添加"按钮。

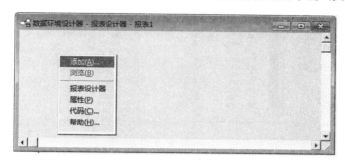

图 10-11　"数据环境设计器"界面

10.3　快速报表

快速报表功能可以用来快速地建立一个格式较为简单的报表。通过下面实例来介绍快速报表的创建方法。

【例 10-3】　使用"快速报表"功能,显示学生的学号、姓名、班级信息。

操作步骤如下。

（1）新建一个空白报表,打开报表设计器。

（2）执行"报表"|"快速报表"命令,弹出"打开"对话框,选择"xs.dbf",单击"确定"按钮后,弹出"快速报表"对话框,如图 10-12 所示。在"字段布局"中选择字段的排列方式为左侧按钮：列布局（字段在页面上从左到右排列）,右侧按钮为行布局（字段在页面上从上到下排列）。

图 10-12　"快速报表"对话框

（3）选择"标题"复选框,表示为报表中的每个字段添加一个字段名标题。

（4）选择"添加别名"复选框,表示自动为所有字段添加别名。

（5）选择"将表添加到数据环境中"复选框,表示将打开的表文件添加到报表的数据环境中作为报表的数据源。

（6）单击"字段"按钮，弹出"字段选择器"对话框，在此对话框中选择需要在报表中出现的字段。如果对字段不进行选择，则该报表包括除"通用型"字段之外的全部字段。

（7）单击"确定"按钮，报表设计完成。保存报表，预览结果如图 10-13 所示。

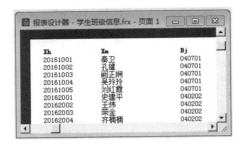

图 10-13　例 10-3 预览结果

10.4　分组报表和分栏报表

10.4.1　分组报表

在设计报表时，利用分组可以使数据以组的形式显示。通过指定字段或字段表达式来实现记录分组，当预览或打印报表时，分组表达式相等的记录显示在一起。当报表进行了分组后，报表会自动包含"组标头"和"组注脚"带区。"组标头"带区中通常显示分组所用字段或字段表达式的域控件，"组注脚"带区通常显示分组的数据汇总或其他分组总结性信息。

1. 设置报表的记录顺序

在进行分组报表设计之前，必须先对数据源根据分组字段进行排序或索引。可以通过命令或在表设计器中设置索引，也可以在报表数据环境中使用根据分组字段制作的视图或查询作为数据源。

2. 单级分组报表

通过下面实例来介绍设计单级分组报表的步骤。

【例 10-4】　将"xs.dbf"中的记录按 bj 字段进行分组打印。

操作步骤如下。

（1）首先对"xs.dbf"中的记录按 bj 进行排序，可以以 bj 字段为关键字建立索引，并设置为主索引（具体建立方法见本书第 4 章）。

（2）利用报表设计器设计如图 10-14 所示的报表。

（3）执行"报表"|"数据分组"命令，弹出"数据分组"对话框，如图 10-15 所示。单击"分组表达式"右侧的浏览按钮，在弹出的"表达式生成器"对话框中选择"xs.bj"，单击"确定"按钮返回"数据分组"对话框。

在"数据分组"对话框的"组属性"框中，根据需要作进一步设置，然后单击"确定"按钮。

（4）设计和组注脚。为了在每一组中显示当前 bj 字段，从"数据环境"中拖入 bj 字段到

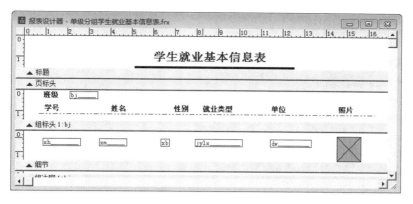

图 10-14　单级分组报表设计界面

图 10-15　"数据分组"对话框

"组标头"带区。

（5）保存报表。报表预览结果如图 10-16 所示。

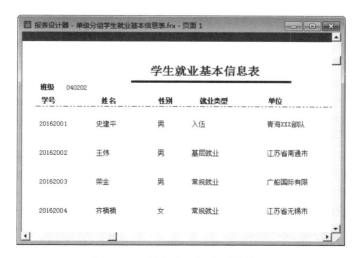

图 10-16　单级分组报表预览结果

10.4.2　分栏报表

分栏报表是一种分为多个栏目打印输出的报表。如果需要打印的报表所含字段较少，可以设计成分栏报表。创建分栏报表的步骤如下。

（1）设置"列标头"和"列注脚"带区。执行"文件"|"页面设置"命令，弹出"页面设置"对话框，如图 10-17 所示。在"列"选项区域，把"列数"微调器的值调整为栏目数，将整个页面平均分成几部分。当列数值大于 1 时，"间隔"项就能用来设置列之间的空间（以英寸或厘米为单位），同时在"报表设计器"中就会出现"列标头"和"列注脚"带区。"宽度"是用来指定一列的宽度（以英寸或厘米为单位）。

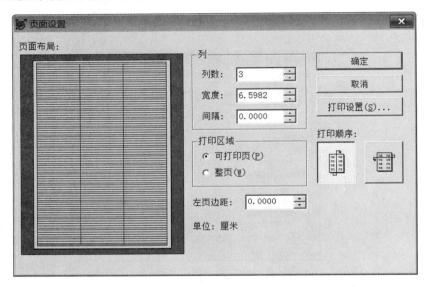

图 10-17　分栏报表的"页面设置"对话框

（2）添加控件。向列表添加控件，不要超过报表设计器中各带区的宽度，否则可能使打印的内容互相重叠。

（3）设置页面。在打印报表时，对于"细节"带区中的内容系统默认为"自上向下"的打印顺序。这适合于大多数报表。但是分栏报表需要把打印顺序设置为"自左向右"打印，因为多栏报表如果采用"自上向下"的打印顺序，只能靠左边距打印一个栏目，页面上其他栏目空白。设置方法为单击"页面设置"对话框中的"自左向右"打印顺序按钮进行设置。

10.5　报表输出

报表设计完成后，通常需要对报表进行预览和打印输出，在打印前可以对报表进行页面边距、纸张大小及方向等参数的设置。

10.5.1　报表的页面设置

要设置报表页面的打印参数，可以按以下步骤进行。

　　（1）打开一个报表文件后，执行"文件"|"页面设置"命令，弹出如图10-18所示的"页面设置"对话框。

　　（2）在"列"选项区域中，使用"列数"指定页面上要打印的列数（详细介绍见本章10.4.2节）。

　　（3）在"打印区域"选项区域中，"可打印页"是由打印机驱动程序确定最小页边距；"整页"是由打印纸确定最小页边距。

　　（4）在"左页边距"框中指定页面的左边界。

　　（5）当报表页面有多列时，可以用"打印顺序"框中的按钮指定记录的换行方式。

　　（6）单击"打印设置"按钮，弹出"打印设置"对话框，如图10-19所示。在对话框中可以设置打印机类型、纸张大小、来源等选项。

　　（7）单击"确定"按钮完成报表页面设置。

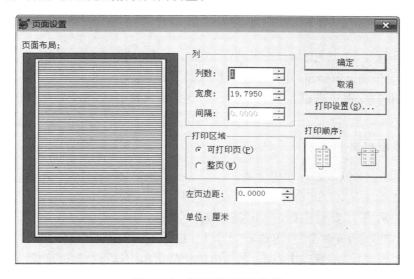

图10-18　"页面设置"对话框

图10-19　"打印设置"对话框

10.5.2　报表预览与打印

在设计报表的过程中，可以随时预览报表输出后的结果，从而检查报表显示的情况，再进行进一步的修改。当确认报表设计完成后,就可以打印报表。

1. 预览报表

预览报表有以下 4 种常用方法:

(1) 执行"显示"|"预览"命令。

(2) 执行"文件"|"打印预览"命令。

(3) 单击"常用"工具栏中的"打印预览"按钮🔍。

(4) 在报表设计器中右击,在弹出的快捷菜单中执行"预览"命令。

经过上述操作,在弹出的"打印预览"工具栏中,通过
"前一个"或"后一个","前一页"或"后一页"等按钮进行翻
页浏览,如图 10-20 所示。通过"缩放"列表可以调整缩放
比例。

图 10-20　"打印预览"工具栏

单击"打印预览"工具栏上的"关闭预览"按钮,退出预览状态。

提示:(1) 在预览窗口中,用户将无法修改页面设置。

(2) 通过在命令窗口中输入 Report　Form <报表文件名> <Preview>命令也可以实现
对报表的预览。

2. 打印输出报表

打印输出报表有以下 5 种常用方法。

(1) 执行"文件"|"打印"命令。

(2) 单击"常用"工具栏中的"打印"按钮🖨。

(3) 在预览状态下,单击"打印预览"工具栏(见图 10-20)中的"打印"按钮。

(4) 在"报表设计器"窗口中右击,在弹出的快捷菜单中执行"打印"命令。

(5) 在命令窗口中输入 Report　Form <报表文件名> <To Printer>。

本章小结

数据库中的数据和处理结果不仅可供用户查看和浏览,而且可以根据需要以各种报表
的形式打印出来,以纸面形式体现,从而满足实际的工作需求。在 Visual FoxPro 中,报表
的设计既可以通过报表向导来完成,也可以通过报表设计器来完成。Visual FoxPro 通过报
表向导提供了几种常用的报表样式,如果要设计满足特定要求的报表则可以通过报表设计
器中的各种控件来进行报表的设计。如果最终的表格输出需要快速形成时,可以通过快速
报表功能来实现需求。如果最终数据输出较多但每条记录又仅包含少数字段信息,在表格
的显示中,一行可以并列显示多条记录的信息,可以通过分栏报表功能来实现需求。如果最
终数据输出时要求根据某一字段值进行分组显示,可以通过分组报表功能实现需求。本章
主要介绍了使用报表向导、报表设计器、快速报表创建和设计报表的方法,介绍了报表进行
分组设计的方法,以及对报表的页面设置(包括多栏报表的设计)、预览与打印的方法。

第11章

Visual FoxPro中项目管理器的应用

导学

内容与要求

本章主要介绍项目管理器的应用,包括数据库应用系统开发的基本步骤、项目管理器的使用和应用系统的主程序设计及应用程序的连编,目的是使读者能够学会如何使用项目管理器。

数据库应用系统开发的基本步骤中简要介绍了基本的开发步骤,包括建立应用系统目录结构、用项目管理器组织管理应用系统的所有文件。

项目管理器的使用中介绍了项目管理器的概念、项目的创建与保存、项目管理器对话框和项目管理器对文件的管理。了解项目管理器对话框,便于利用项目管理器对文件管理的方法。

应用系统的主程序设计及应用程序的连编中介绍了应用系统的主程序设计和应用系统的连编,掌握系统主文件的作用和设计方法;掌握利用项目管理器对项目连编生成一个应用程序的方法。

重点、难点

本章重点是掌握利用项目管理器对文件管理的方法。本章的难点是系统主文件的作用和设计方法;利用项目管理器对项目连编生成一个应用程序的方法。

学习 Visual FoxPro 的一个重要目的是为了开发实用的数据库应用系统。本章学习如何使用项目管理器将数据、文档、代码和其他文件有机地结合到一起,并将与项目相关的所有文件连编成扩展名为 .app 的应用程序文件或扩展名为 .exe 的可以脱离 Visual FoxPro 运行环境直接运行的文件。

11.1 数据库应用系统开发的基本步骤

根据应用系统的重点和复杂性不同,一个数据库应用系统通常分为输入密集型、输出密集型和处理密集型 3 种。实际的数据库应用系统,一般由数据库、用户界面、事务处理模块、输入输出模块和主程序等部分组成。开发一个数据库应用系统时,一般要经历用户需求分析、系统总体规划、数据库设计、各个子功能模块的设计与程序编码、主程序设计,以及系统测试、项目连编等一系列阶段。

在开发应用系统时,可以利用项目管理器将项目的所有文件组织起来,用集成化的方法建立应用系统项目,并进行项目测试。一般应用系统开发的步骤如下。

1. 建立应用系统目录结构

一个完整的应用系统,即使规模不大,也会包含多种类型的文件,如数据库、数据表、菜单、程序、表单、报表以及位图等。如果把这些文件胡乱放在一个文件夹下,将会给以后的查看、修改和维护工作带来很大的不便。解决这个问题的办法就是为应用系统创建一个文件夹,在该文件夹中再为各类型文件分别创建相应的子文件夹。因此,就需要建立一个层次清晰的目录结构,方便以后修改和维护。

2. 用项目管理器组织应用系统的文件

一个组织良好的应用系统一般需要为用户提供一个菜单、一个或多个表单供数据输入和显示输出之用。同时还需要添加一些事件响应代码,来提供特定功能,保证数据的完整性和安全性。此外,还需要提供查询和报表输出功能,允许用户从数据库中选取信息。

数据库应用系统所涉及的文件准备好后就可以用项目管理器组织这些文件了,操作步骤如下。

(1) 新建或打开指定的项目文件。

(2) 将已设计好的数据库、表单、菜单、报表、程序等模块和部件添加到项目文件中。

(3) 在项目管理器中自下而上调试各个模块,即从包含层次最低的模块开始调试。

对各个模块进行分模块调试有助于错误代码的正确定位与修改。这些工作是为应用系统最后的连编所做的必要准备。

3. 加入项目信息

执行"程序"|"运行"命令,或在项目管理器上右击,在弹出的快捷菜单中执行"项目信息"命令,弹出项目信息对话框,选择"项目"选项卡,在"项目"选项卡中输入开发者姓名、单位、地址等信息,如图 11-1 所示。

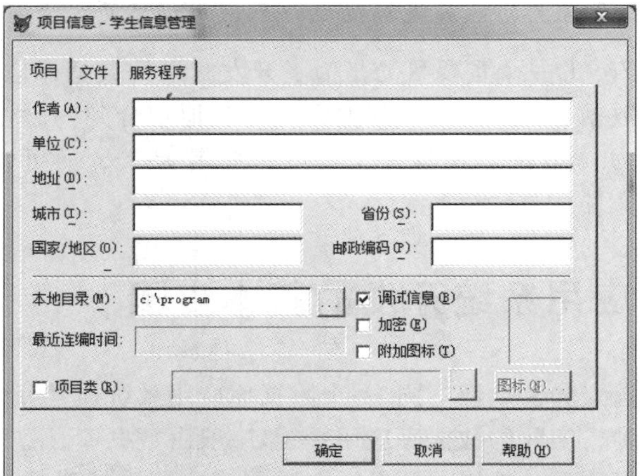

图 11-1　项目信息对话框

11.2　项目管理器的使用

一个应用系统通常对应着一个应用项目,Visual FoxPro 提供了专门的项目管理器来对项目进行管理和维护。它既有对项目中文档和数据进行集中管理的功能,也能利用其自身的集成环境,例如向导或设计器,来方便地创建新的数据表、数据库、表单、报表、菜单等各类文件,并可以修改、运行、添加和移去这些文件。

11.2.1　项目管理器的概念

项目是数据、文档、代码和其他文件等的集合。项目管理器是通过项目文件.pjx 对应用程序开发过程中所有数据、文档、代码和其他文件等进行组织管理的一种工具。它是整个 Visual FoxPro 开发工具的控制中心,可以创建文件、修改文件、删除文件,可以对表等文件进行浏览,还可以向项目中添加、移出文件等。项目管理器最终可以对整个应用程序的各类文件及对象进行测试及统一连编形成应用程序文件.app 或可执行文件.exe。

11.2.2　项目的创建与保存

创建一个项目有 3 种方式。

1. 命令方式

【格式】　CREATE　PROJECT <项目文件名|？ >
【功能】　创建项目文件。
【说明】　<项目文件名>:指定项目的文件名。如果没有为文件指定扩展名,则 Visual FoxPro 自动指定.pjx 为扩展名。<？ >:打开"创建"对话框,提示为正在创建的项目文件命名。

2. 向导方式

操作步骤如下。

（1）执行"文件"|"新建"命令,此时系统将弹出"新建"对话框。

（2）在"新建"对话框的"文件类型"选项区域中选择"项目"单选按钮,单击"向导"按钮。

（3）在弹出的"应用程序向导"对话框中输入项目的名称,并选择保存项目文件的路径后单击"确定"按钮,如图 11-2 所示。这时就新建成了一个项目并打开了项目管理器,同时会打开应用程序生成器窗口,如图 11-3 所示。可在里面添加项目基本信息,或者快速添加数据表、根据数据表生成表单等。

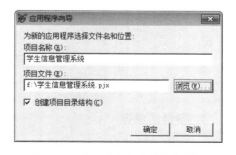

图 11-2　"应用程序向导"对话框

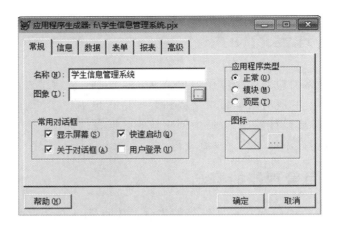

图 11-3　项目应用程序生成器窗口

3．一般方式

操作步骤如下。

（1）执行"文件"|"新建"命令，此时系统将弹出"新建"对话框。

（2）在"新建"对话框的"文件类型"选项区域中选择"项目"单选按钮，单击"新建文件"按钮。

（3）在弹出的"创建"对话框中输入项目的名称，并选择保存项目的路径后单击"保存"按钮。这时就新建成了一个项目并打开了项目管理器窗口，如图 11-4 所示。

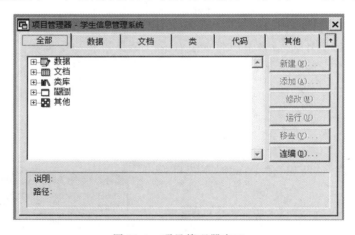

图 11-4　项目管理器窗口

4．项目的保存

可单击项目管理器窗口右上角的"关闭"按钮，在关闭的同时即可保存项目。若一个空的项目在关闭项目管理器窗口时，将弹出提示对话框，如图 11-5 所示。若单击"删除"按钮，空项目文件就会被删除；若单击"保持"按钮，可将空项目保存起来。

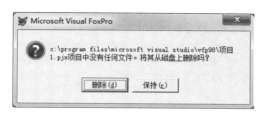

图 11-5　提示对话框

11.2.3　项目管理器窗口介绍

项目管理器采用树型目录结构来显示和管理本项目所包含的所有内容。项目管理按大类列出包含在项目文件中的文件。在每一类文件的左边都有一个图标表明该种文件的类型,用"＋"、"－"号来表示各级目录的当前状态,扩展或压缩某一类型文件。

在窗口内选择某个分类项名称,可单击"新建"、"添加"或"修改"等按钮进行相应的操作。项目管理器窗口中有 6 个选项卡和 6 个按钮,如图 11-6 所示。

图 11-6　项目管理器窗口中的 6 个选项卡和 6 个按钮

(1) 项目管理器窗口中的 6 个选项卡功能如下。

"全部"选项卡:包含了其他 5 个选项卡的内容,用于显示和管理项目包含的所有文件。

"数据"选项卡:包含本项目中的所有数据,如数据库、自由表、查询和视图等。

"文档"选项卡:包含本项目涉及到的所有输入、输出和显示数据时涉及到的全部文档,如表单、报表和标签等。

"类"选项卡:显示和管理用户自定义类。

"代码"选项卡:显示和管理各种程序代码文件,包括扩展名为 .prg 的程序文件和扩展名为 .app 的应用程序文件,以及 API 函数库等。

"其他"选项卡:显示和管理菜单文件、文本文件、位图文件、图标文件和帮助文件等。

(2) 项目管理器窗口中的 6 个按钮功能如下。

"新建"按钮:用于在项目中新建一个选中类型的文件。

"添加"按钮:用于向项目中添加一个已存在的文件。

"修改"按钮:用于修改在项目中选中的文件。

"运行"按钮:用于运行选定的查询、表单或程序等。

"移去"按钮:用于移去、删除在项目中选中的文件或对象。

"连编"按钮:用于连编一个项目或应用程序,还可以连编一个可执行文件。

11.2.4 项目管理器对文件的管理

开发一个应用系统,可以先创建一个项目,然后再在该项目中创建各类文件。当然,也可以在创建好各个有关文件之后,再创建一个项目,然后把这些文件添加到该项目中来。

1. 创建新文件

在项目管理器内创建一个新文件,操作步骤如下。

(1) 在项目管理器窗口的某个选项卡中选择要创建的文件类型,如选择"文档"选项卡下的"表单"则可创建表单文件。

(2) 单击"新建"按钮,即可打开相应的设计器,或者使用向导创建一个新文件。

2. 添加外部文件

将外部文件添加到项目管理器内,操作步骤如下。

(1) 在项目管理器窗口的某个选项卡中选定要添加的文件类型,如选定"报表"即可添加一个报表文件。

(2) 单击"添加"按钮,在弹出的"打开"对话框中选择要添加的文件,然后单击"确定"按钮。

3. 修改文件

在项目管理器内可修改任意一个本项目中的文件,操作步骤如下。

(1) 在项目管理器窗口中选中要修改的某个文件。

(2) 单击"修改"按钮,Visual FoxPro 将根据所选文件的类型打开相应的设计器,在设计器中即可修改打开的文件。

4. 移去文件

在项目管理器中移去某个文件,操作步骤如下:

(1) 在项目管理器窗口中选中要移去的文件。

(2) 单击"移去"按钮,Visual FoxPro 将弹出如图 11-7 所示的提示对话框。

图 11-7　提示对话框

(3) 若单击"移去"按钮,将从本项目中移出选定的文件,但被移出的文件仍将保存在磁盘原来的存放位置不变;若单击"删除"按钮,则不仅该文件被移出本项目,而且该文件将被从磁盘上删除。

11.3　应用系统的主程序设计及应用程序的连编

通过项目管理器将各个组件组装在一起后,下一步还需要为该项目设置一个起始点,即项目的主文件,然后再进行连编。此过程的最终结果是将所有在项目中引用的文件合成为一个应用程序文件,用户可直接运行该文件并启动系统。

11.3.1　应用系统的主程序设计

当用户运行应用系统,系统首先启动项目的主文件,然后主文件再依次调用所需要的其他组件。因此,利用它可以将整个程序有机地连接在一起。在程序运行前,它初始化程序的运行环境;在程序运行中,它调度程序的事件操作;在程序运行结束后,它还原系统环境。

主程序可以是一个表单程序,也可以是一个菜单程序或一个命令程序,通常建议使用命令程序作为主程序。

在每个项目中,有且只有一个文件可以设置为主文件,并且主文件的文件名在项目管理器中用醒目的粗字体表示。在项目管理器中设置主文件的方法为:单击要设置为主文件的程序、表单或菜单文件,执行“项目”|“设置主文件”命令或在快捷菜单中执行“设置主文件”命令。

在创建主文件时,一般需要包括以下几方面的内容。

1．初始化工作环境

主程序必须做的第一件事情就是对应用程序的环境进行初始化,包括以下几方面内容。

(1) 用一系列 SET 命令进行系统环境的设置。例如,SET TALK OFF,则在系统执行时关闭人机交互对话。

(2) 初始化变量,其中要说明所有变量的类型是否为全局变量,并为变量赋初值。

(3) 建立默认的文件访问路径。例如,SET DEFAULT TO D:\VFP,建立一个默认的路径到 D 盘 VFP 文件夹。

(4) 打开所需的数据库、数据表及有关索引。

2．显示用户主界面

用户开发的主界面可以是一个菜单,一个表单或其他的用户界面组件。一般是在主程序中安排一条运行菜单或表单的命令来调用这个主界面。例如,我们可以使用 DO 命令运行一个菜单,或者使用 DO FORM 命令来运行一个表单。

3．控制事件循环

应用程序的工作环境建立之后,并显示出了初始的用户界面,这时,需要建立一个事件循环来等待接受用户的交互动作。若要控制事件循环执行,可以在主程序中加入 READ EVENTS 命令,该命令是 Visual FoxPro 开始处理用户事件,如鼠标操作、键盘操作等。

在执行 READ EVENTS 命令后,应用程序必须提供一种方法来结束事件循环。通常在为退出应用系统而编写的菜单命令代码中或表单的"退出"按钮事件代码中,加入一条 CLEAR　EVENTS命令来结束应用程序的事件循环。

4．组织主程序文件

如果在应用程序中使用一个程序文件(.prg)作为主程序文件,必须保证该程序能够控制应用程序的主要任务。

在主程序文件中,没有必要直接包含执行所有任务的命令。常用的方法是调用过程或者函数来控制某些任务。例如,环境初始化和清除内存变量等。

一个简单的主程序代码如下。

```
CLOSE ALL                 && 关闭所有数据库、备注、索引等文件.
SET TALK OFF              && 确定 Visual FoxPro 不显示命令的结果.
SET CENTURY ON            && 确定 Visual FoxPro 显示日期表达式中的世纪部分.
SET DEFAULT TO d:\XSGL\   && 指定系统缺省的驱动器和目录.
DO FORM MAIN.SCX          && 调用主表单.
READ EVENTS              && 控制事件循环执行.
```

11.3.2　应用程序的连编

各个模块调试无误后,需要对整个项目进行联合调试与编译,创建应用系统的最后一步就是连编,生成最终的应用程序

1．设置文件的"排除"与"包含"

项目中的文件有两种引用方式:"排除"与"包含",它们是相对的。将一个项目编译成一个应用程序时,所有在项目中被包含的文件将组合为一个单一的应用程序文件。在项目连编之后,那些在项目中标记为"包含"的文件将变为只读文件,不能再修改;如果应用程序中包含需要用户修改的文件,必须将该文件标记为"排除"。例如,经常修改某一张表中的数据,就应将该表设置为"排除"。

将标记为"包含"的文件设置为"排除"的方法:在项目管理器窗口中,选择要"排除"的文件并右击,在弹出的快捷菜单中执行"排除"命令,如图 11-8 所示;反之,如果选定标记为"排除"的文件并右击,在弹出的快捷菜单中将会出现"包含"命令。

2．连编项目

在项目管理器中连编项目的具体操作步骤如下。

(1) 打开项目管理器,然后单击"连编"按钮,弹出"连编选项"对话框,如图 11-9 所示。

(2) 在弹出的"连编选项"对话框中,选择"连编应用程序"单选按钮,则生成 .app 文件;若选择"连编可执行文件",可建立一个 .exe 文件;还可以选择"显示错误"、"连编后运行"等复选框,然后单击"确定"按钮。

(3) 在弹出的"另存为"对话框中输入连编后生成的应用程序名称,单击"保存"按钮。

3．运行应用程序

当为项目建立了一个最终的应用程序文件之后,就可以运行它了。

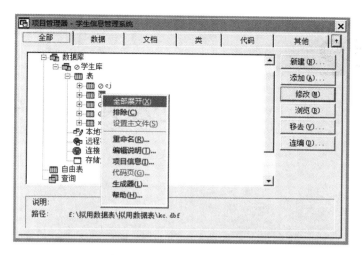

图 11-8　"包含"设置为"排除"

图 11-9　"连编选项"对话框

1）运行 .app 应用程序

如果要运行 .app 应用程序，需要在 Visual FoxPro 环境中执行。执行"程序"|"运行"命令，然后选择要执行的应用程序；或者在"命令"窗口中，输入"DO 应用程序文件名"；或者在 Windows 资源管理器中，双击该 .app 文件的图标。

2）运行 .exe 文件

如果要运行一个 .exe 文件，可脱离 Visual FoxPro 环境直接运行。只要在 Windows 资源管理器中，双击该 .exe 文件的图标即可。

本章小结

本章详细地介绍了 Visual FoxPro 项目管理器的建立和使用方法。应用项目管理器将所有与项目相关的文件包括在一个项目文件中，并在项目管理器中设置一个主文件，主文件是应用系统的入口，即应用程序第一个执行的文件，用它来调用其他的各个组件模块。最后用项目管理器对整个项目系统连编生成一个应用程序。

第12章

二级公共基础知识

导学

内容与要求

二级公共基础知识是全国计算机等级考试二级考试中的一部分内容,重点考察算法与数据结构的基础知识、程序设计基础知识、软件工程基础知识以及数据库设计基础知识。程序设计基础知识以及数据库设计基础知识已经在前面章节中作了详细的介绍。

本章根据教育部考试中心最新颁布的考试大纲进行编写,主要介绍算法与数据结构以及软件工程的基础知识。算法与数据结构中介绍了算法的概念以及其基本特征,数据结构的概念,线性表,栈和队列,链表,树与二叉树,查找技术与排序技术。软件工程基础知识中介绍了软件工程的基本概念,结构化分析方法,结构化设计方法,软件测试,程序的调试。在本章的学习过程中,需要对相关的概念进行对比理解,区分它们之间的区别和联系。

重点、难点

本章的重点是算法与数据结构,这部分也是本章的难点。

程序=算法+数据结构,可见算法和数据结构在程序编写中的核心作用。想要写出优美高效的代码,算法和数据结构知识必不可少。对于软件工程知识的了解可以使软件开发的过程规范化和工程化。本章主要介绍算法、数据结构以及软件工程的基础知识。

12.1 算法与数据结构

12.1.1 算法

1. 什么是算法

算法(Algorithm)是指对解题方案的准确而完整的描述,是一系列解决问题的清晰指令。算法代表着用系统的方法描述解决问题的策略机制。也就是说,能够对一定规范的输入,在有限时间内获得所要求的输出。算法不等于程序,也不等于计算方法。

2．算法的基本特征

1）可行性

算法中执行的任何计算步骤都是可以被分解为基本的可执行的操作步，即每个计算步都可以在有限时间内完成（也称之为有效性）。

2）确定性

算法的每一步骤必须有确切的定义，不会出现难以理解或具有多义性。

3）有穷性

算法的有穷性是指算法必须能在执行有限个步骤之后终止。

4）拥有足够的情报

有效的算法需要拥有足够的输入信息和初始化信息。

3．算法复杂度

算法复杂度，即算法在编写成可执行程序后，运行时所需要的资源，资源包括时间资源和内存资源。一个算法的优劣可以用时间复杂度与空间复杂度来衡量。

1）算法的时间复杂度

算法的时间复杂度是指执行算法所需要的计算工作量，通常用算法在执行过程中所需基本运算的执行次数来度量算法的工作量。

2）算法的空间复杂度

算法的空间复杂度是指执行这个算法所需要的内存空间，包括输入的数据所占用的存储空间、程序所占用的空间以及算法执行过程中所需要的额外空间。

【例12-1】　下列叙述中正确的是_____。

A．所谓算法就是计算方法

B．程序可以作为算法的一种描述方法

C．算法设计只需考虑得到计算结果

D．算法设计可以忽略算法的运算时间

【答案】　B

【解析】　程序可以作为算法的一种描述方法，算法在实现时需要用具体的程序设计语言描述。A项错误，算法并不等同于计算方法，是指对解题方案的准确而完整的描述；C项错误，算法设计需要考虑可行性、确定性、有穷性与足够的情报；D项错误，算法设计有穷性要求操作步骤有限且必须在有限时间内完成，耗费太长时间得到正确结果是没有意义的。

12.1.2　数据结构

1．什么是数据结构

数据结构是计算机存储、组织数据的方式。数据结构是指相互之间存在一种或多种特定关系的数据元素的集合。通常情况下，精心选择的数据结构可以带来更高的运行或者存储效率。数据结构往往同高效的检索算法和索引技术有关。数据结构可分为数据的逻辑结构和数据的存储结构两种。

1）数据的逻辑结构

数据的逻辑结构反映数据元素之间逻辑关系的数据结构。一个数据结构应包含以下两方面的信息：

（1）表示数据元素的信息。

（2）表示各元素之间的前后件关系。

2）数据的存储结构

数据的逻辑结构在计算机存储空间中的存放形式,称为数据的存储结构。

由于各数据元素在计算机存储空间中的位置关系可能与逻辑关系不同,因此,为了表示存储在计算机中的各个数据之间的逻辑关系（即前后件关系）,在数据的存储结构中,不仅要存放各元素的信息,还需存入各元素之间的前后件关系。

2. 线性结构与非线性结构

根据数据结构中各元素之间前后件关系的复杂程度,一般将数据结构分为两大类型：线性结构与非线性结构。如果一个非空的数据结构满足有且只有一个根节点并且每一个节点最多有一个前件也最多有一个后件,那么这样的数据结构称为线性结构。在一个线性结构中插入或删除任何一个节点后还应是线性结构。线性结构又称线性表。如果一个数据结构不是线性结构,则称为非线性结构。

12.1.3　线性表

1. 线性表的基本概念

线性表是一种常用的数据结构。它是一个含有 $n(n \geqslant 0)$ 个数据元素的有限序列,表中的每一个数据元素,除了第一个外,有且只有一个前件,除了最后一个外,有且只有一个后件。线性表要么是空表,要么可以表示为 $(a_1, a_2, \cdots, a_n)$,其中 $a_i (i = 1, 2, \cdots, n)$ 是线性表的数据元素,也称为线性表的一个节点。

2. 顺序表

线性表的顺序存储结构称为顺序表。顺序表具有以下两个基本特点。

（1）顺序表中所有元素所占的存储空间是连续的。

（2）顺序表中各数据元素在存储空间中是按逻辑顺序依次存放的。

在顺序表中,其前后两个元素在存储空间中是相邻的,且前件元素一定存储在后件元素的前面。

假设线性表中的第一个数据元素的存储地址（即首地址）为 $\mathrm{ADR}(a_1)$,每一个数据元素占 k 个字节,则线性表中第 i 个元素 a_i 在计算机存储空间中的存储地址为：$\mathrm{ADR}(a_i) = \mathrm{ADR}(a_1) + (i-1)k$。线性表的顺序存储结构如图 12-1 所示。

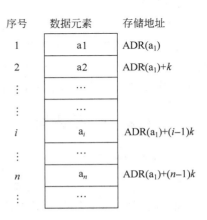

图 12-1　线性表的顺序存储结构

3．顺序表的插入

插入元素时，顺序表的逻辑结构由(a_1，…，a_{i-1}，a_i，…，a_n)改变为(a_1，…，a_{i-1}，e，a_i，…，a_n)。

（1）检查 i 值是否超出所允许的范围($1 \leqslant i \leqslant n+1$)，若超出，则进行"超出范围"错误处理。

（2）将顺序表的第 i 个元素和它后面的所有元素均向后移动一个位置。

（3）将新元素写入到空出的第 i 个位置上。

4．顺序表的删除

删除元素时，比如删除第 i 个元素 a_i，顺序表的逻辑结构由(a_1，…，a_{i-1}，a_i，a_{i+1}，…，a_n)改变为(a_1，…，a_{i-1}，a_{i+1}，…，a_n)。

12.1.4 栈和队列

栈和队列都是一种特殊的线性表，它们都有自己的特点，栈是"先进后出"的线性表，而队列是"先进先出"的线性表。

1．栈及其基本运算

栈(Stack)又名堆栈，它是一种运算受限的线性表。其限制是仅允许在表的一端进行插入和删除运算。这一端被称为栈顶，相对地，把另一端称为栈底。向一个栈插入新元素又称作进栈、入栈或压栈，它是把新元素放到栈顶元素的上面，使之成为新的栈顶元素；从一个栈删除元素又称作出栈或退栈，它是把栈顶元素删除掉，使其相邻的元素成为新的栈顶元素。

栈的操作主要有入栈运算、退栈运算和读栈顶元素。

（1）入栈运算：入栈运算是指在栈顶位置插入一个新元素。

（2）退栈运算：退栈运算是指取出栈顶元素并赋给一个指定的变量。

（3）读栈顶元素：读栈顶元素是指将栈顶元素赋给一个指定的变量。

2．队列及其基本运算

队列也是一种特殊的线性表，特殊之处在于它只允许在表的前端(Front)进行删除操作，而在表的后端(Rear)进行插入操作。和栈一样，队列是一种操作受限制的线性表。进行插入操作的端称为队尾，进行删除操作的端称为队头。

队列的操作主要有入队运算和出队运算。

（1）入队运算：往队列列尾插入一个元素。

（2）出队运算：从队列列头删除一个元素。

【例 12-2】 下列关于栈的叙述中，正确的是_____。

A．栈底元素一定是最后入栈的元素

B．栈顶元素一定是最先入栈的元素

C．栈操作遵循先进后出的原则

D. 以上 3 种说法都不对

【答案】 C

【解析】 栈是一种先进后出的线性表,也就是说,最先入栈的元素在栈底,而最后入栈的元素在栈顶,最先出栈。

12.1.5 链表

1. 线性链表

线性链表是具有链接存储结构的线性表,它用一组地址任意的存储单元存放线性表中的数据元素,逻辑上相邻的元素在物理上不要求也相邻,不能随机存取。一般用节点描述:节点(表示数据元素)数据域(数据元素的映象)指针域(指示后继元素存储位置)。线性链表的存储空间如图 12-2 所示。

为了适应线性表的链式存储结构,计算机存储空间被划分为一个一个小块,每一个小块占若干字节,通常称这些小块为存储节点。线性链表的一个存储节点如图 12-3 所示。

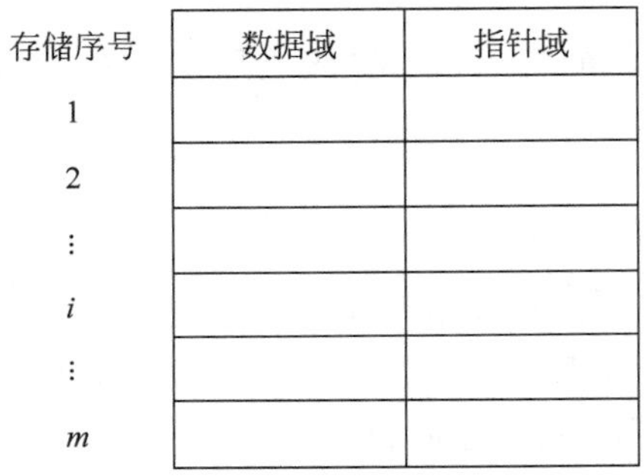

存储序号	数据域	指针域
1		
2		
⋮		
i		
⋮		
m		

图 12-2   线性链表的存储空间

存储序号	数据域	指针域
i	V(i)	NEXT(i)

图 12-3   线性链表的一个存储节点

在线性链表中,用一个专门的指针 HEAD 指向线性链表中第一个数据元素的节点,线性链表中最后一个元素没有后件,因此,线性链表中最后一个节点的指针域为空(用 NULL 或 0 表示),表示链表终止。线性链表的逻辑结构如图 12-4 所示。

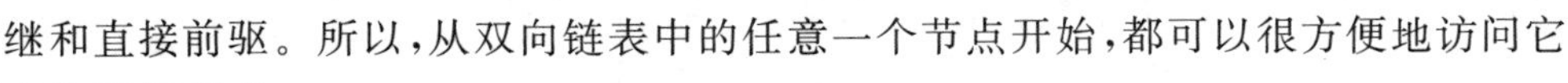

图 12-4   线性链表的逻辑结构

2. 双向链表

双向链表也称双链表,是链表的一种,它的每个数据节点中都有两个指针,分别指向直接后继和直接前驱。所以,从双向链表中的任意一个节点开始,都可以很方便地访问它的前驱节点和后继节点。

3. 循环链表

循环链表与单链表唯一的不同就是最后一个节点的指针域中的值不同。单链表最后一个节点的指针域存放的是一个空指针,而循环链表的最后一个节点的指针域存放的是指向第一个节点的指针。

【例 12-3】 线性表常采用的两种存储结构是_____。

A．散列方法和索引方式

B．链表存储结构和数组

C．顺序存储结构和链式存储结构

D．线性存储结构和非线性存储结构

【答案】 C

【解析】 线性表中存在第一个元素和最后一个元素,除第一个元素和最后一个元素外,所有的元素都是首尾相连的,都具有唯一的一个前件和唯一的一个后件。线性表常用的存储结构为:①链式存储结构,存储上不连续,通过指针相连。②顺序存储结构,物理上连续存储,空间位置隐含逻辑位置。

12.1.6　树与二叉树

1．树的基本概念

树型结构是一类重要的非线性数据结构,其中以树和二叉树最为常用。直观来说,树是以分支关系定义的层次结构。

图 12-5 表示一棵一般的树,在树结构中,没有前件的节点只有一个称为树的根节点,简称树的根。在图 12-5 中,A 为根节点。其他节点只有一个前件,此前件称为该节点的父节点。在图 12-5 中 A 为 B 的父节点,D 为 H 的父节点。

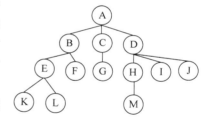

图 12-5　一般的树

在树结构中,每一个节点可以有多个后件,它们都称为该节点的子节点。在图 12-5 中,E、F 为 B 的子节点。没有后件的节点称为叶子节点。在图 12-5 中,K、L、F、G、M、I、J 为叶子节点。

在树结构中,一个节点所拥有的后件个数称为该节点的度。在图 12-5 中 D 节点的度为 3,叶子节点的度为 0。

在树结构中,所有节点中最大的度称为树的度。在图 12-5 中,树的度为 3。

在树结构中,根节点在第 1 层,往下依次是第 2 层、第 3 层。数的最大层次称为树的深度。

2．二叉树及其基本性质

1)二叉树的特点

(1)非空二叉树只有一个根节点。

(2)每一个节点最多有两棵子树,且分别称为该节点的左子树与右子树。

(3)在二叉树中每个节点的度最大为 2。

2)二叉树的基本性质

(1)在二叉树的第 k 层上,最多有 $2^{k-1}(k\geqslant1)$ 个节点。

（2）深度为 m 的二叉树最多有 2^m-1 个节点。

（3）在任意一棵二叉树中,叶子节点总比度为 2 的节点多一个。

（4）具有 n 个节点的二叉树,其深度至少为 $\lceil\log_2 n\rceil+1$,其中 $\lceil\log_2 n\rceil$ 表示取 $\log_2 n$ 的整数部分。

3）满二叉树与完全二叉树

满二叉树:除最后一层外,每一层上的所有节点都有两个子节点。

完全二叉树:除最后一层外,每一层上的节点数均达到最大值。

3．二叉树的遍历

所谓二叉树的遍历,就是遵从某种次序,访问二叉树中的所有节点,使每个节点仅被访问一次。按照根节点位置的不同分为前序遍历、中序遍历、后序遍历。

前序遍历:根节点—>左子树—>右子树

中序遍历:左子树—>根节点—>右子树

后序遍历:左子树—>右子树—>根节点

【例 12-4】 求出图 12-6 中树的 3 种遍历。

【解析】 从图 12-6 中可以得出以下结论。

前序遍历:abdefgc。

中序遍历:debgfac。

后序遍历:edgfbca。

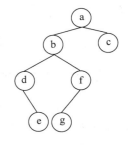

图 12-6 例 12-4

12.1.7 查找技术

查找是指在一个给定的数据结构中查找某个指定的元素。在查找过程中,涉及查找的方法等问题。通常,根据不同的数据结构,应采用不同的查找方法。

1．顺序查找

顺序查找的基本思想是:从线性表的第一个元素开始,逐个将线性表中的元素与被查元素进行比较,如果相等则查找成功,停止查找;如果比较完了线性表中的所有数据元素没有找到相等的数据,则查找失败。

2．二分法查找

二分法查找只适用于顺序存储的有序表。这种有序表是指线性表中的元素按值非递减排列(即从小到大,但允许相邻元素值相等)。

设有序线性表长度为1,被查元素为 x,则二分法查找的方法为:将 x 与线性表的中间项进行比较,如果中间项的值等于 x,则说明查到,查找结束。如果中间项的值大于 x,则说明 x 的值在表的前半部分,则在前半部分继续进行二分法查找。如果中间项的值小于 x,则说明 x 的值在表的后半部分,则在后半部分继续进行二分法查找。如果找到与 x 相等的元素则查找成功,没找到则查找失败。

12.1.8 排序技术

排序就是将一个无序的序列整理成按值非递减(序列中的元素后一个大于等于前一个)顺序排列的有序序列。基本排序算法主要有交换类排序、选择类排序和插入类排序。

1. 交换类排序

交换类排序是借助数据元素之间的互相交换进行排序的一种方法。冒泡排序与快速排序都属于交换类的排序方法。

1)冒泡排序

冒泡排序是一种最简单的交换类排序方法。在数据元素序列中,对于某个元素,如果其后存在一个元素小于它,则称之为存在一个逆序。冒泡排序的基本思想就是通过两两相邻数据元素之间的比较和交换,不断地消去逆序,直到所有数据元素有序为止。冒泡排序法的基本思想如下。

首先,从表头开始往后扫描,若相邻两个元素中,前面的元素大于后面的元素,则将它们互换,称之为消去了一个逆序。扫描的结果是将最大的元素交换到整个序列的尾部。

其次,从后到前扫描剩下的线性表,若相邻两个元素中,后面元素小于前面的元素,则将它们互换。扫描的结果是将最小的元素交换到整个序列的头部。

然后,对剩下的线性表重复上述过程,直到剩下的线性表变空为止,此时的线性表已经变为有序。

在上述的排序过程中,对线性表的每一次来回扫描后,都将其中的最大者沉到了表的底部,最小者像气泡一样冒到表的上部。冒泡排序因此得名。

2)快速排序

快速排序是一种比冒泡排序速度快的交换类排序方法。快速排序法的基本思想如下:从线性表中选取一个元素作为基准,其余元素与基准元素进行比较,将比基准元素小的元素排在基准元素的左侧,比基准元素大的元素排在基准元素的右侧。这样,线性表被分成前后两个子表,并且前面子表中的所有元素均不大于基准元素,后面子表中的所有元素均不小于基准元素。接下来分别对子表重复进行上述过程,直到线性表有序。

2. 选择类排序

选择类排序包括简单选择排序和堆排序两种。

1)简单选择排序

简单选择排序就是扫描整个线性表,从中选出最小的元素,将它交换到表的最前面,然后对剩下的子表采用同样的方法,直到子表为空。

2)堆排序

堆排序是利用堆的性质进行的一种选择排序。堆实际上是一棵完全二叉树,其任何一个非叶子节点满足它的关键字不大于或者不小于其左右子节点的关键字。堆分为大顶堆和小顶堆,满足任何一个非叶子节点不小于其左右子节点的堆为大顶堆,另外一种不大于的情况为小顶堆。

堆排序的思想(以大顶堆为例)如下。

第一步：将一个 n 个元素组成的无序序列建成堆。

第二步：将堆顶元素(最大的元素)与堆中最后一个元素进行交换,这样就将最大的元素放到了序列的最后。

第三步：已经换到最后的元素不动,把剩下的前面 $n-1$ 个元素重新调整成堆。

第四步：反复执行第二步和第三步,直到剩下的子序列为空,从而得到一个有序的序列。

3. 插入类排序

有一个已经有序的数据序列,要求在这个已经排好的数据序列中插入一个数,但要求插入后此数据序列仍然有序,这个时候就要用到一种新的排序方法——插入排序法。插入排序的基本操作就是将一个数据插入到已经排好序的有序数据中,从而得到一个新的、个数加一的有序数据。

插入排序的基本思想是：每步将一个待排序的纪录,按其关键码值的大小插入前面已经排序的文件中适当位置上,直到全部插入完为止。

12.2　软件工程基础

12.2.1　软件工程的基本概念

1. 软件工程

计算机软件是指计算机系统中与硬件相互依存的另一部分,它是程序、数据及其相关文档的完整集合。

软件工程是应用计算机科学、数学及管理科学等原理开发软件的工程。它借鉴传统工程的原则、方法,以提高质量、降低成本为目的。

2. 软件的生命周期

软件有一个孕育、诞生、成长、成熟、衰亡的生命过程。这个过程即为软件的生命周期。软件的生命周期包括 3 个阶段：软件定义、软件开发及软件运行维护。

3. 软件工具与软件开发环境

软件工具用以支持软件开发的相关过程、活动和任务,软件开发环境为工具集成和软件的开发、维护及管理提供统一的支持。

【例 12-5】　软件生命周期中所花费用最多的阶段是_____。

A. 详细设计

B. 软件编码

C. 软件测试

D. 软件维护

【答案】　D

【解析】 软件生命周期分为软件定义、软件开发及软件运行维护 3 个阶段。本题中详细设计、软件编码和软件测试都属于软件开发阶段；软件维护是软件生命周期的最后一个阶段，也是持续时间最长，花费代价最大的一个阶段，软件工程学的一个目的就是提高软件的可维护性，降低维护的代价。

12.2.2 结构化分析方法

1. 结构化分析方法的基本概念

结构化分析方法(Structured Method)是强调开发方法的结构合理性以及所开发软件的结构合理性的软件开发方法(SP)等方法。

结构化分析方法给出一组帮助系统分析人员产生功能规约的原理与技术。它一般利用图形表达用户需求，使用的工具主要有数据流图、数据字典、结构化语言、判定表以及判定树等。

2. 结构化分析方法的常用工具

1) 数据流图

数据流图(Data Flow Diagram，DFD)，是用于表示逻辑系统模型的一种工具，它从数据传递和加工的角度，以图形的方式来刻画数据流从输入到输出的变换过程。

数据流图有 4 种基本的图形元素。

(1) →：数据流。是由一组固定成分的数据组成，箭头的方向表示数据的流向，箭头的始点和终点分别代表数据流的源和目标。除了流向数据存储或从数据存储流出的数据不必命名外，每个数据流必须要有合适的名字，以反映数据流的含义。

(2) ○：外部实体。代表系统之外的实体，可以是人、物或其他系统软件，它指出数据所需要的发源地或系统所产生的数据归属地。

(3) □：对数据进行加工处理。表示对数据进行处理的单元，它接受一定的数据输入，对其进行处理，并产生输出。

(4) ＝：数据存储。表示信息的静态存储，可以代表文件、文件的一部分，数据库的元素等。

2) 数据字典

数据字典是关于数据的信息的集合，也就是对数据流图中包含的所有元素定义的集合。换句话说，数据流图上所有的成分的定义和解释的文字集合就是数据字典，而且在数据字典中建立的一组严密一致的定义很有助于改进分析员和用户的通信。数据字典有以下几个条目：数据项条目、数据流条目、文件条目和加工条目。

3. 结构化分析方法的步骤

(1) 分析当前的情况，做出反映当前物理模型的 DFD。

(2) 推导出等价的逻辑模型的 DFD。

(3) 设计新的逻辑系统，生成数据字典和基元描述。

(4) 建立人机接口，提出可供选择的目标系统物理模型的 DFD。

（5）确定各种方案的成本和风险等级，据此对各种方案进行分析。

（6）选择一种方案。

（7）建立完整的需求规约。

4．软件需求规格说明书

软件需求规格说明书（Software Requirements Specification，SRS），的编制是为了使用户和软件开发者双方对该软件的初始规定有一个共同的理解，使之成为整个开发工作的基础，包含硬件、功能、性能、输入输出、接口需求、警示信息、保密安全、数据与数据库、文档和法规的要求。

12.2.3　结构化设计方法

1．软件设计的基本概念

软件设计是从软件需求规格说明书出发，根据需求分析阶段确定的功能设计软件系统的整体结构、划分功能模块，确定每个模块的实现算法以及编写具体的代码，形成软件的具体设计方案。将问题或事物分解并模块化使得解决问题变得容易，分解得越细模块数量也就越多，它的副作用就是使得设计者考虑更多的模块之间耦合度的情况。

1）软件设计的阶段

软件设计包括以下几个阶段。

（1）概要设计，主要包括：结构设计、接口设计、全局数据结构设计和过程设计。

（2）详细设计。

2）软件设计的基本原理

软件设计过程中应遵循软件工程的基本原理。软件设计的基本原理和有关概念如下。

（1）模块化。

模块化是指解决一个复杂问题时自顶向下逐层把系统划分成若干模块的过程。模块化用来分割，组织和打包软件。每个模块完成一个特定的子功能，所有的模块按某种方法组装起来，成为一个整体，完成整个系统所要求的功能。

（2）抽象。

抽象是抽出事物本质的共同特性，暂时忽略它们的细节以及它们之间的差异。

（3）信息隐藏和局部化。

信息隐藏指在设计和确定模块时，使得一个模块内包含的特定信息（过程或数据），对于不需要这些信息的其他模块来说，是不可访问的。局部化是指把一些关系密切的软件元素物理放得彼此靠近。

（4）模块独立性。

模块独立性是指模块内部各部分及模块间的关系的一种衡量标准，由内聚和耦合来度量。具有独立的模块的软件比较容易开发出来，这是由于能够分割功能而且接口可以简化。当许多人分工合作开发同一个软件时，这个优点尤其重要。独立的模块也比较容易测试和维护。这是因为相对说来，修改设计和程序需要的工作量比较小，错误传播范围小，需要扩充功能时能够"插入"块。总之，模块独立是优秀设计的关键，而设计又是决定软件质量的关键环节。

【例 12-6】 下面不属于软件设计原则的是_____。

A. 抽象

B. 模块化

C. 自底向上

D. 信息隐蔽

【答案】 C

【解析】 在软件设计过程中,必须遵循软件工程的基本原则,这些原则包括模块化、抽象、信息隐蔽和局部化、模块独立性。

2. 概要设计

概要设计是一个设计师根据用户交互过程和用户需求来形成交互框架和视觉框架的过程,其结果往往以反映交互控件布置、界面元素分组以及界面整体板式的页面框架图的形式来呈现。这是一个在用户研究和设计之间架起桥梁,使用户研究和设计无缝结合,将用户目标与需求转换成具体界面设计解决方案的重要阶段。

在完成对软件系统的需求分析之后,接下来需要进行的是软件系统的概要设计。一般说来,对于较大规模的软件项目,软件设计往往被分成两个阶段进行:首先是前期概要设计,用于确定软件系统的基本框架;然后是在概要设计基础上的后期详细设计,用于确定软件系统的内部实现细节。

概要设计阶段的任务主要有以下几个方面。

(1)设计软件的系统结构。

(2)数据结构及数据库设计。

(3)编写概要设计文档。

(4)评审。

3. 详细设计

详细设计是对概要设计的一个细化,就是详细设计每个模块实现算法,所需的局部结构。在详细设计阶段,主要是通过需求分析的结果,设计出满足用户需求的嵌入式系统产品。

传统软件开发方法的详细设计主要是用结构化程序设计法。详细设计的表示工具有图形工具和语言工具。图形工具有业务流图、程序流程图、PAD 图(Problem Analysis Diagram)、N-S 流程图(由 Nassi 和 Shneidermen 开发,简称 NS)、语言工具有伪码和 PDL(Program Design Language)等。

1)程序流程图

流程图是以特定的图形符号加上说明,表示算法的图。构成流程图的最基本图符及含义如图 12-7 所示。

按照结构化程序设计要求,流程图构成的程序描述可分解为如图 12-8 所示的 5 种控制结构。

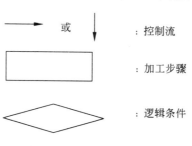

图 12-7 流程图的基本图符

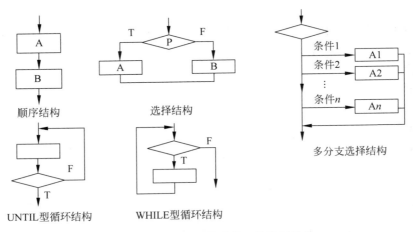

图 12-8   程序流程图构成的 5 种控制结构

（1）WHILE 型循环结构：在每次执行循环体前对循环条件进行判断，当条件满足时执行循环体，不满足则停止。

（2）UNTIL 型循环结构：在执行了一次循环体之后，对循环条件进行判断，当条件不满足时执行循环体，满足则停止。

【例 12-7】   程序流程图中的箭头代表的是_____。

A. 数据流

B. 控制流

C. 调用关系

D. 组成关系

【答案】   B

【解析】   程序流程图是一种传统的、应用广泛的软件过程设计表示工具，通常也称为程序框图，其箭头代表的是控制流。

2）N-S 图

N-S 图也被称为盒图或 CHAPIN 图。1973 年，美国学者 I. Nassi 和 B. Shneiderman 提出了一种在流程图中完全去掉流程线，全部算法写在一个矩形阵内，在框内还可以包含其他框的流程图形式。即由一些基本的框组成一个大的框，这种流程图又称为 N-S 结构流程图（以两个人的名字的头一个字母组成）。N-S 图的基本图符及表示的 5 种基本控制结构如图 12-9 所示。

【例 12-8】   在结构化程序设计中，模块划分的原则是_____。

A. 各模块应包括尽量多的功能

B. 各模块的规模应尽量大

C. 各模块之间的联系应尽量紧密

D. 模块内具有高内聚度、模块间具有低耦合度

【答案】   D

【解析】   模块的功能应该可以预测，但也要防止模块功能过分局限。如果模块包含的功能太多，则不能体现模块化设计的特点；如果模块的功能过分地局限，使用范围就过分狭

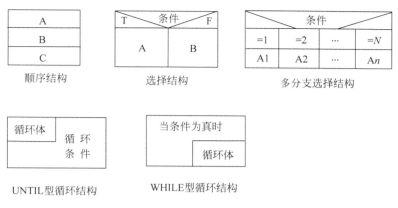

图 12-9　N-S 图的基本图符与表示的 5 种控制结构

窄。模块的规模应适中。一个模块的规模不应过大，过大的模块往往是由于分解不够充分；过小的模块开销大于有益操作，而且模块过多将使系统接口复杂。因此过小的模块有时不值得单独存在。通过模块的分解或合并，力求降低耦合提高内聚。低耦合也就是降低不同模块间相互依赖的紧密程度，高内聚是提高一个模块内各元素彼此结合的紧密程度。

12.2.4　软件测试

软件测试（Software Testing），描述一种用来促进鉴定软件的正确性、完整性、安全性和质量的过程。换句话说，软件测试是一种实际输出与预期输出间的审核或者比较过程。软件测试的经典定义是：在规定的条件下对程序进行操作，以发现程序错误，衡量软件质量，并对其是否能满足设计要求进行评估的过程。

1．软件测试的目的和准则

1）软件测试的目的

Glenford J. Myers 曾对软件测试的目的提出过以下观点。

（1）测试是为了发现程序中的错误而执行程序的过程。

（2）好的测试方案是极可能发现迄今为止尚未发现的错误的测试方案。

（3）成功的测试是发现了至今为止尚未发现的错误的测试。

（4）测试并不仅仅是为了找出错误。通过分析错误产生的原因和错误的发生趋势，可以帮助项目管理者发现当前软件开发过程中的缺陷，以便及时改进。

（5）这种分析也能帮助测试人员设计出有针对性的测试方法，改善测试的效率和有效性。

（6）没有发现错误的测试也是有价值的，完整的测试是评定软件质量的一种方法。

另外，根据测试目的的不同，还有回归测试、压力测试、性能测试等，分别为了检验修改或优化过程是否引发新的问题、软件所能达到处理能力和是否达到预期的处理能力等。

2）软件测试的准则

（1）测试应该尽早进行，最好在需求阶段就开始介入，因为最严重的错误不外乎是系统不能满足用户的需求。

（2）程序员应该避免检查自己的程序，软件测试应该由第三方来负责。

（3）设计测试用例时应考虑到合法的输入和不合法的输入以及各种边界条件，特殊情况下要制造极端状态和意外状态，如网络异常中断、电源断电等。

（4）应该充分注意测试中的群集现象。

（5）对错误结果要进行一个确认过程。一般由 A 测试出来的错误，一定要由 B 来确认。严重的错误可以召开评审会议进行讨论和分析，对测试结果要进行严格地确认，是否真的存在这个问题以及严重程度等。

（6）制定严格的测试计划。一定要制定测试计划，并且要有指导性。测试时间安排尽量宽松，不要希望在极短的时间内完成一个高水平的测试。

（7）妥善保存测试计划、测试用例、出错统计和最终分析报告，为维护提供方便。

2．软件测试方法

1）白盒测试

白盒测试又称结构测试、透明盒测试、逻辑驱动测试或基于代码的测试。白盒测试是一种测试用例设计方法，盒子指的是被测试的软件，白盒指的是盒子是可视的，盒子内部的东西以及里面是如何运作的很清楚。白盒测试全面了解程序内部逻辑结构、对所有逻辑路径进行测试。白盒测试的方法有代码检查法、静态结构分析法、静态质量度量法、逻辑覆盖法、基本路径测试法、域测试、符号测试、路径覆盖和程序变异。

白盒测试的覆盖标准有逻辑覆盖、循环覆盖和基本路径测试。其中逻辑覆盖包括语句覆盖、判定覆盖、条件覆盖、判定/条件覆盖、条件组合覆盖和路径覆盖。6 种覆盖标准发现错误的能力呈由弱到强的变化。

（1）语句覆盖每条语句至少执行一次。

（2）判定覆盖每个判定的每个分支至少执行一次。

（3）条件覆盖每个判定的每个条件应取到各种可能的值。

（4）判定/条件覆盖同时满足判定覆盖条件覆盖。

（5）条件组合覆盖每个判定中各条件的每一种组合至少出现一次。

（6）路径覆盖使程序中每一条可能的路径至少执行一次。

2）黑盒测试

黑盒测试也称功能测试或数据驱动测试，它是在已知产品所应具有的功能，通过测试来检测每个功能是否都能正常使用。在测试时，把程序看作一个不能打开的黑盒子，在完全不考虑程序内部结构和内部特性的情况下，测试者在程序接口进行测试。它只检查程序功能是否按照需求规格说明书的规定正常使用，程序是否能适当地接收输入数据而产生正确的输出信息，并且保持外部信息（如数据库或文件）的完整性。黑盒测试的方法主要有等价类划分、边值分析、因果图、错误推测等，主要用于软件确认测试。黑盒测试着眼于程序外部结构，不考虑内部逻辑结构，针对软件界面和软件功能进行测试。黑盒测试是穷举输入测试，只有把所有可能的输入都作为测试情况使用，才能以这种方法查出程序中所有的错误。实际上测试情况有无穷多个，人们不仅要测试所有合法的输入，而且还要对那些不合法但是可能的输入进行测试。

黑盒测试注重于测试软件的功能需求，主要试图发现下列几类错误。

（1）功能不正确或遗漏；

（2）界面错误；

（3）输入和输出错误；

（4）数据库访问错误；

（5）性能错误；

（6）初始化和终止错误等。

3. 软件测试的实施

1）单元测试

单元测试也称模块测试，对模块（软件设计最小单位）进行正确性检验的测试，以尽早发现各模块内部可能存在的各种错误。

- 技术：静态分析和动态测试。
- 说明：单个模块通常不是独立的程序，不能运行。必须在真实或模拟环境下进行。模拟环境中为被测模块设计和搭建驱动模块和桩模块。
- 驱动模块：相当于被测模块的主程序。它接收测试数据，并传给被测模块，输出实际测试结果。
- 桩模块：用于代替被测模块调用的其他模块，仅做少量的数据操作，不必将子模块的所有功能带入。

2）集成测试

集成测试也称组装测试，把模块在按照设计要求组装起来的同时进行测试，主要目的是发现与接口有关的错误。通常采用黑盒测试

采用方式（模块组装成程序）如下。

（1）非增量方式：将测试好的每一个软件单元一次组装在一起再进行整体测试。

（2）增量方式。

自顶向下：从主控模块开始，沿控制层次自顶向下逐个连接模块。

自底向上：从最底层、最基本的软件单元开始测试。

3）确认测试

确认测试验证软件的功能和性能及其他特性是否满足了需求规格说明中确定的各种需求，以及软件配置是否完全正确。

实施方法：先用黑盒测试，验证被测软件是否满足需求规格说明确认的标准，再复审保证软件配置齐全。

4）系统测试

系统测试将通过测试确认的软件，作为整个基于计算机系统的一个元素，与计算机硬件、外围设备、人员等其他系统元素组合在一起，在实际运行环境下对计算机系统进行一系列的集成测试和确认测试。

目的：在真实的系统工作环境下检验软件是否能与系统正确连接，发现软件与系统需求不一致的地方。

【例 12-9】　检查软件产品是否符合需求定义的过程称为_____。

A. 确认测试

B. 集成测试

C. 验证测试

D. 验收测试

【答案】 A

【解析】 确认测试的任务是验证软件的功能和性能及其他特性是否满足了需求规格说明中的确定的各种需求,以及软件配置是否完全正确。

12.2.5 程序的调试

1. 基本概念

程序调试,是将编制的程序投入实际运行前,用手工或编译程序等方法进行测试,修正语法错误和逻辑错误的过程。这是保证计算机信息系统正确性的必不可少的步骤。编完计算机程序,必须送入计算机中测试。

1) 程序调试的原则

- 用头脑去分析思考与错误征兆有关的信息。
- 避开死胡同。
- 只把调试工具当作手段。利用调试工具,可以帮助思考,但不能代替思考,因为调试工具给的是一种无规律的调试方法。
- 避免用试探法,最多只能把它当作最后手段。
- 在出现错误的地方,可能还有别的错误。
- 修改错误的一个常见失误是只修改了这个错误的征兆或这个错误的表现,而没有修改错误本身。如果提出的修改不能解释与这个错误有关的全部线索,那就表明只修改了错误的一部分。
- 注意修正一个错误的同时可能会引入新的错误。
- 修改错误的过程将迫使人们暂时回到程序设计阶段。修改错误也是程序设计的一种形式。
- 修改源代码程序,不要改变目标代码。

2) 程序调试的步骤

第一步,用编辑程序把编制的源程序按照一定的书写格式送到计算机中,编辑程序会根据使用人员的意图对源程序进行增加、删除或修改。

第二步,把送入的源程序翻译成机器语言,即用编译程序对源程序进行语法检查并将符合语法规则的源程序语句翻译成计算机能识别的"语言"。如果经编译程序检查,发现有语法错误,那就必须用编辑程序来修改源程序中的语法错误,然后再编译,直至没有语法错误为止。

第三步,使用计算机中的连接程序,把翻译好的计算机语言程序连接起来,并形成一个计算机能真正运行的程序。在连接过程中,一般不会出现连接错误,如果出现了连接错误,说明源程序中存在子程序的调用混乱或参数传递错误等问题。这时又要用编辑程序对源程序进行修改,再进行编译和连接,如此反复进行,直至没有连接错误为止。

第四步,将修改后的程序进行试算,这时可以假设几个模拟数据去试运行,并把输出结果与手工处理的正确结果相比较。如有差异,就表明计算机的程序存在有逻辑错误。如果程序不大,可以用人工方法去模拟计算机对源程序的这几个数据进行修改处理;如果程序比较大,人工模拟显然行不通,这时只能将计算机设置成单步执行的方式,一步步跟踪程序的运行。一旦找到问题所在,仍然要用编辑程序来修改源程序,接着仍要编译、连接和执行,直至无逻辑错误为止。也可以在完成后再进行编译。

2. 软件调试方法

调试的关键是推断程序中错误的位置和原因。软件调试有很多种方法,常用的有强行排错法、回溯法和原因排除法。

1) 强行排错法

这种方法需要动脑筋的地方比较少,因此称为强行排错。通常有以下 3 种表现形式。

(1) 打印内存变量的值。在执行程序时通过打印内存变量的数值,将该数值同预期的数值进行比较,判断程序是否执行出错。对于小程序,这种方法很有效。但程序较大时,由于数量大逻辑关系复杂,效果较差。

(2) 在程序关键分支处设置断点,如弹出提示框。这种方法对于弄清多分支程序的流向很有帮助,可以很快锁定程序出错发生的大概位置范围。

(3) 使用编程软件的调试工具。通常编程软件的 IDE 集成开发环境都有调试功能,使用最多的就是单步调试功能。它可以一步一步地跟踪程序的执行流程,以便发现错误所在。

2) 回溯法

这是在小程序中常用的一种有效调试方法。一旦发现了错误,可以先分析错误现象,确定最先发现该错误的位置。然后,人工沿程序的控制流程,追踪源程序代码,直到找到错误根源或确定错误产生的范围。

3) 原因排除法

原因排除法是通过演绎法和归纳法,以及二分法来实现的。

演绎法是一种从一般原理或前提出发,经过排除和精化的过程来推导出结论的思考方法。演绎法排错是测试人员首先根据已有的测试用例,设想及枚举出所有可能出错的原因作为假设。然后,再用原始测试数据或新的测试,从中逐个排除不可能正确的假设。最后,再用测试数据验证余下的假设确定出错的原因。

归纳法是一种从特殊推断出一般的系统化思考方法。其基本思想是从一些线索着手,通过分析寻找到潜在的原因,从而找出错误。

二分法实现的基本思想是,如果已知每个变量在程序中若干个关键点的正确值,则可以使用定值语句在程序中的某点附近给这些变量赋正确值,然后运行程序并检查程序的输出。如果输出是正确的,则错误原因在程序的前半部分;反之,错误原因在程序的后半部分。对错误原因所在的部分重复使用这种方法,直到将出错范围缩小到容易诊断的程度为止。

【例 12-10】 下列叙述中正确的是_____。

A. 程序设计就是编制程序

B. 程序的测试必须由程序员自己去完成

C. 程序经调试改错后还应进行再测试

D. 程序经调试改错后不必进行再测试

【答案】　C

【解析】　软件测试仍然是保证软件可靠性的主要手段,测试的目的是要尽量发现程序中的错误,调试主要是推断错误的原因,从而进一步改正错误。测试和调试是软件测试阶段的两个密切相关的过程,通常是交替进行的。

本章小结

　　本章主要介绍算法的基本概念、基本数据结构及其操作、基本排序和查找算法、软件工程的基本方法等;重点讲解了算法、数据结构、栈,二叉树的概念与性质,二叉树的遍历、软件工程、软件的生命周期的概念,结构化分析与设计方法,软件测试与调试,对于本章的大部分概念要理解并掌握。

参 考 文 献

[1]　娄岩.Visual FoxPro 通用教程——NCRE 之 VFP 全攻略[M].混合教学版.北京:人民卫生出版社,2015.

[2]　教育部考试中心.全国计算机等级考试二级教程:Visual FoxPro 数据库程序设计[M].2016 年版.北京:高等教育出版社,2015.

[3]　全国计算机等级考试教材编写组.全国计算机等级考试教程二级公共基础知识[M].北京:人民邮电出版社,2013.

[4]　向波.Visual Foxpro 程序设计基础教程[M].北京:华中科技大学出版社,2015.

[5]　祁爱华,周丽莉,刘建,等.Visual FoxPro 程序设计教程[M].2 版.北京:清华大学出版社,2015.

[6]　周永恒,Visual FoxPro 基础教程[M].4 版.北京:高等教育出版社,2015.

[7]　秦凯.数据库管理系统 VFP 程序设计习题集[M].北京:中国铁道出版社,2015.

[8]　吴明.Visual FoxPro 程序设计[M].北京:人民邮电出版社,2016.

[9]　卢湘鸿.Visual FoxPro 6.0 数据库与程序设计[M].北京:电子工业出版社,2011.

[10]　吴观茂.Visual FoxPro 程序设计及其应用[M].北京:清华大学出版社,2014.

[11]　陈娟,等.Visual FoxPro 程序设计教程[M].2 版.北京:人民邮电出版社,2009.

[12]　王世伟,等.Visual FoxPro 程序设计教程[M].北京:中国铁道出版社,2009.

[13]　李千目,殷新春,李涛.数据结构与经典算法[M].北京:清华大学出版社,2014.

[14]　陈锐,成建设.零基础学数据结构[M].2 版.北京:机械工业出版社,2014.

[15]　戴艳.零基础学算法[M].北京:机械工业出版社,2010.

图书资源支持

◇◇

  感谢您一直以来对清华版图书的支持和爱护。为了配合本书的使用，本书提供配套的资源，有需求的读者请扫描下方的"书圈"微信公众号二维码，在图书专区下载，也可以拨打电话或发送电子邮件咨询。

  如果您在使用本书的过程中遇到了什么问题，或者有相关图书出版计划，也请您发邮件告诉我们，以便我们更好地为您服务。

◇◇

我们的联系方式：

地   址：北京市海淀区双清路学研大厦 A 座 714

邮   编：100084

电   话：010-83470236 010-83470237

客服邮箱：2301891038@qq.com

QQ：2301891038（请写明您的单位和姓名）

- -

资源下载：关注公众号"书圈"下载配套资源。

资源下载、样书申请

书 圈   获取最新书目   观看课程直播